高等职业教育新目录新专标电子与信息大类教材

Web 前端开发——网页设计

权小红　刘　斌　主编

刘燕婷　刘心美　王明宇　谭　东　副主编

U0290833

电子工业出版社

Publishing House of Electronics Industry

北京·BEIJING

内 容 简 介

本书是Web前端网页设计的基础性教材，为深入实施"科教兴国战略"，服务"强化现代化建设人才支撑"，加快建设"网络强国，数字中国"，本书紧贴互联网行业发展对Web前端开发的岗位要求，按照"1+X"证书《Web前端开发职业技能等级标准》的要求，从初学者角度出发，讲解Web前端网页设计相关基础知识。本书按照认知递进的过程组织为6个单元，单元1对Web前端开发做了总体概述，单元2介绍使用HTML搭建网页基本结构，单元3介绍使用CSS对网页进行基本布局和美化。在对网页的基本"结构"和"表现"有了完整介绍后，单元4和单元5分别介绍HTML5及CSS3中的新增特性，并以更简洁高效的代码，进一步优化网页结构、美化网页表现。最后，单元6在前面单元打下的基础之上，以综合项目实战的形式对响应式页面设计"神器"——Bootstrap进行了介绍，以作为全书的可选扩展模块。

本书适合作为高职高专院校、应用型本科院校网页设计课程的教材，也可以作为Web前端"课赛证"融通的培训教材，并适合广大计算机爱好者自学使用。

图书在版编目（CIP）数据

Web前端开发：网页设计 / 权小红，刘斌主编. —北京：电子工业出版社，2023.2
ISBN 978-7-121-44886-7

Ⅰ.①W… Ⅱ.①权… ②刘… Ⅲ.①网页制作工具－职业技能－鉴定－教材 Ⅳ.①TP393.092.2

中国国家版本馆CIP数据核字（2023）第007376号

责任编辑：魏建波

印　　刷：北京市大天乐投资管理有限公司
装　　订：北京市大天乐投资管理有限公司
出版发行：电子工业出版社
　　　　　北京市海淀区万寿路173信箱　　邮编：100036
开　　本：787×1092　1/16　印张：13　字数：332.8千字
版　　次：2023年2月第1版
印　　次：2023年2月第1次印刷
定　　价：42.00元

凡所购买电子工业出版社图书有缺损问题，请向购买书店调换。若书店售缺，请与本社发行部联系，联系及邮购电话：（010）88254888，88258888。

质量投诉请发邮件至zlts@phei.com.cn，盗版侵权举报请发邮件至dbqq@phei.com.cn。

本书咨询联系方式：（010）88254609，hzh@phei.com.cn。

前 言

随着互联网特别是移动互联网行业的蓬勃发展，竞争日趋激烈。开发平台对 Web 界面的外观精美性、操作友好性提出了更高的要求，Web 前端从业人员数量猛增，需求和待遇大幅度提升。本书积极贯彻党的二十大精神，为深入实施"科教兴国战略"，服务"强化现代化人才支撑"，加快建设"网络强国，数字中国"，紧贴互联网行业发展对 Web 前端开发的岗位要求，结合众多高职院校教师和学生的教学反馈编写。

本书是 Web 前端网页设计的基础性教材，按照"1+X"证书《Web 前端开发职业技能等级标准》的要求，从初学者角度出发，讲解 Web 前端网页设计相关基础知识。本书按照认知递进的过程组织为 6 个单元，单元 1 对 Web 前端开发做了总体概述，单元 2 介绍使用 HTML 搭建网页基本结构，单元 3 介绍使用 CSS 对网页进行基本布局和美化。在对网页的基本"结构"和"表现"有了完整介绍后，单元 4 和单元 5 分别介绍 HTML5 及 CSS3 中的新增特性，并以更简洁高效的代码，进一步优化网页结构、美化网页表现。最后，单元 6 在前面单元打下的基础之上，以综合项目实战的形式对响应式页面设计"神器"——Bootstrap 进行了介绍，以作为全书的可选扩展模块。

本书特点概括如下。

● 内容模块化：Web 前端开发涉及技术种类较多，本书内容组织模块化，内容结构清晰，相对独立，便于读者根据需要进行有选择的模块化学习。

● 知识点精炼：本书不要求面面俱到，紧扣网页设计所需基本知识和技能的主脉分解知识点，符合"应用型"技能人才的培养定位。

● 案例丰富实用：本书根据"做中学"的一体化教学原则，通过精心设计的案例加深读者对重要知识点的理解与运用。

● 融合思政育人：本书在讲解专业知识的同时，兼顾思政教育。将社会主义核心价值观和中华优秀传统文化教育巧妙地融入教学内容及案例设计中，以期达到"润物细无声"的思政育人目的。

● "课赛证"融通：本书本着"课赛证"融通的理念编写，兼顾 Web 前端网页设计基础知识、Web 前端开发职业技能标准及 Web 前端开发赛项辅导需求。

● 配套资源完善：本书提供案例源码、在线练习及答案等电子资源。

本书适用于以下读者。

1．高职高专院校及应用型本科院校相关专业学生：本书可作为软件技术、人工智能、大数据应用、网络技术等计算机相关专业网页设计课程的基础性教材。

2．参加 Web 前端开发职业技能等级初级证书考试和 Web 开发赛项人员，本书可作为"课赛证"融通的培训教材。

3．社会从业者：社会上从事 Web 前端开发的相关技术人员，对基础入门知识有所需求的人员。

本书单元 1 由刘斌编写，单元 2 由王明宇编写，单元 3 由刘心美编写，单元 4 由谭东编写，单元 5 由权小红编写，单元 6 由刘燕婷编写，全书由权小红统稿。本书在编写过程中，参阅了大量文献资料和网上资源，在此向相关作者表示感谢！尽管做了最大努力，书中的不妥疏漏之处仍在所难免，欢迎广大读者批评指正，若对本书有任何意见或建议，欢迎发送电子邮件至 395713213@qq.com 联系我们。若教师备课需要 PPT、教学大纲、教学设计等参考资源，也欢迎通过上述邮箱联系索取。

编　者

案例源码

目 录

单元 1　Web 前端开发概述 ·· 01

1.1　Web 概述 ··· 01

1.1.1　Web 系统原理 ··· 01

1.1.2　前端与后端 ··· 02

1.1.3　网站与网页 ··· 03

1.1.4　主流浏览器介绍 ··· 05

1.2　前端常用技术 ··· 06

1.2.1　前端常用技术概述 ··· 06

1.2.2　前端技术的发展前景 ··· 08

1.3　HBuilderX 开发工具 ··· 08

1.3.1　常用前端开发工具 ··· 08

1.3.2　HBuilderX 的下载及使用 ··· 09

1.3.3　HBuilderX 常用快捷键 ··· 13

单元 2　HTML 基础 ·· 15

2.1　HTML 概述 ·· 16

2.1.1　什么是 HTML ··· 16

2.1.2　HTML 文档的基本结构 ··· 16

2.1.3　HTML 标签与元素 ··· 18

2.1.4　HTML 属性 ·· 19

2.2　文本类标签 ·· 20

2.2.1　标题标签 ·· 20

2.2.2　段落标签 ·· 21

2.2.3　换行标签与水平线标签 ……………………………… 22

2.2.4　文本格式化标签 ………………………………………… 23

2.2.5　转义字符 ………………………………………………… 25

2.3　图片及路径 ……………………………………………………… 26

2.3.1　<img> 标签 ……………………………………………… 26

2.3.2　相对路径与绝对路径 …………………………………… 26

2.4　超链接 …………………………………………………………… 27

2.4.1　<a> 标签 ………………………………………………… 27

2.4.2　锚点超链接 ……………………………………………… 28

2.4.3　图片超链接 ……………………………………………… 30

2.5　列表 ……………………………………………………………… 31

2.5.1　有序列表 ………………………………………………… 31

2.5.2　无序列表 ………………………………………………… 32

2.5.3　定义列表 ………………………………………………… 33

2.6　表格 ……………………………………………………………… 34

2.6.1　表格的基本结构 ………………………………………… 34

2.6.2　单元格的合并 …………………………………………… 36

2.7　表单 ……………………………………………………………… 38

2.7.1　<form> 标签 ……………………………………………… 38

2.7.2　表单控件 ………………………………………………… 40

2.8　容器与框架 ……………………………………………………… 42

2.8.1　<div> 标签 ……………………………………………… 42

2.8.2　<span> 标签 ……………………………………………… 43

2.8.3　<iframe> 标签 …………………………………………… 43

单元 3　CSS 基础 ………………………………………………………… 45

3.1　CSS 概述 ………………………………………………………… 46

3.1.1　什么是 CSS ……………………………………………… 46

3.1.2　CSS 的基本语法 ………………………………………… 46

3.1.3　网页引入 CSS 的方法 …………………………………… 46

3.2　CSS 选择器 ……………………………………………………… 49

3.2.1　基本选择器 ……………………………………………… 49

3.2.2　组合选择器 ……………………………………………… 50

3.2.3　属性选择器 ……………………………………………… 52

3.2.4　伪选择器 ………………………………………………… 53

3.3　CSS 文本样式 ··55

　　3.3.1　设置字体样式 ···55

　　3.3.2　设置文本缩进与对齐 ···57

　　3.3.3　设置行高与间距 ··58

　　3.3.4　设置文本修饰 ···61

3.4　CSS 背景和边框样式 ··62

　　3.4.1　设置背景颜色 ···62

　　3.4.2　设置背景图片 ···63

　　3.4.3　设置边框样式 ···65

3.5　CSS 盒子模型 ···67

　　3.5.1　盒子模型 ···67

　　3.5.2　设置显示模式 ···68

　　3.5.3　设置内边距与外边距 ···69

　　3.5.4　外边距合并 ···73

3.6　CSS 设置超链接和列表样式 ···75

　　3.6.1　超链接伪类 ···75

　　3.6.2　设置超链接样式 ··75

　　3.6.3　设置鼠标样式 ···78

　　3.6.4　设置列表样式 ···80

3.7　CSS 设置表格和表单样式 ···83

　　3.7.1　设置表格样式 ···83

　　3.7.2　设置表单样式 ···86

3.8　CSS 浮动布局 ···88

　　3.8.1　标准文档流 ···88

　　3.8.2　设置浮动 ···89

　　3.8.3　清除浮动 ···91

3.9　CSS 定位布局 ···94

　　3.9.1　position 属性 ···94

　　3.9.2　定位偏移 ···95

　　3.9.3　z-index 属性 ···96

3.10　CSS 的继承性与优先级 ···97

　　3.10.1　CSS 样式的层叠性 ···97

　　3.10.2　CSS 样式的继承性 ···97

　　3.10.3　CSS 样式的优先级 ···98

单元 4　HTML5 新特性 ·· 100

4.1　HTML5 概述··· 100

4.1.1　HTML5 的优势·································· 101

4.1.2　HTML5 的文档声明···························· 101

4.1.3　HTML5 的语法变化···························· 102

4.2　HTML5 新增元素及通用属性····················· 103

4.2.1　HTML5 新增结构语义元素················· 103

4.2.2　HTML5 新增其他语义元素················· 110

4.2.3　HTML5 新增多媒体元素···················· 113

4.2.4　HTML5 新增通用属性······················· 115

4.3　HTML5 智能表单······································ 117

4.3.1　input 元素新增 type 类型··················· 118

4.3.2　表单新增属性·································· 122

单元 5　CSS3 新特性 ·· 130

5.1　CSS3 概述··· 130

5.1.1　CSS3 的发展史································ 130

5.1.2　CSS3 的模块化································ 131

5.1.3　CSS3 的浏览器兼容性······················ 132

5.1.4　CSS3 支持的颜色表示······················· 133

5.1.5　CSS3 支持的长度单位······················· 135

5.2　CSS3 新增选择器······································ 136

5.2.1　新增属性选择器······························ 136

5.2.2　结构伪类选择器······························ 138

5.2.3　UI 伪类选择器································ 140

5.3　CSS3 文本新特性······································ 141

5.3.1　CSS3 新增文本相关属性···················· 141

5.3.2　CSS3 设置多列文本及自定义字体··········· 145

5.4　CSS3 背景和边框新特性····························· 148

5.4.1　CSS3 新增背景相关属性···················· 148

5.4.2　CSS3 设置渐变背景色······················· 150

5.4.3　CSS3 新增边框相关属性···················· 152

5.5　CSS3 盒子模型新特性································· 156

5.5.1　盒子模型 box-sizing 属性···················· 156

　　5.5.2　CSS3 设置弹性盒子 ·· 158

5.6　CSS3 动效新特性 ·· 161

　　5.6.1　CSS3 过渡 ··· 161

　　5.6.2　CSS3 变形 ··· 163

　　5.6.3　CSS3 动画 ··· 168

单元 6　Bootstrap 综合项目实战 ·· 172

6.1　项目描述 ·· 172

6.2　预备知识 ·· 173

　　6.2.1　Bootstrap 概述 ·· 173

　　6.2.2　Bootstrap 布局容器 ·· 176

　　6.2.3　Bootstrap 网格系统 ·· 176

　　6.2.4　Bootstrap 导航栏 ·· 178

　　6.2.5　Bootstrap 表单 ·· 179

　　6.2.6　Bootstrap 按钮 ·· 180

　　6.2.7　Bootstrap 轮播插件 ·· 183

6.3　项目分析 ·· 183

6.4　代码实现 ·· 185

　　6.4.1　区域代码实现 ·· 185

　　6.4.2　完整代码实现 ·· 194

单元 1　Web 前端开发概述

　　Web 前端开发指的是创建 Web 页面、App、小程序等应用前端界面并呈现给用户的过程，通过 HTML、CSS 和 JavaScript 及衍生出来的各种技术、框架、解决方案，来实现互联网产品的用户界面交互。Web 前端开发发展势头迅猛，新技术、新标准的迭代非常快，各大互联网公司都非常重视自身 Web 产品的前端重构与开发，使得 Web 新产品的页面交互功能越来越强大，视觉效果越来越绚丽。

学习目标

- 了解 Web 系统的工作原理及 Web 相关基本概念；了解主流浏览器。
- 了解前端常用技术，以及前端技术的发展前景。
- 了解前端常用开发工具，掌握 HBuilderX 的下载、安装及常用快捷键。

知识地图

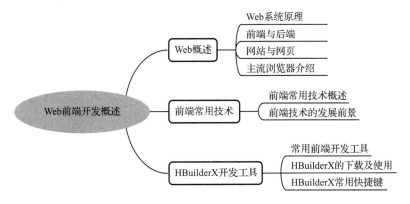

1.1　Web 概述

1.1.1　Web 系统原理

1. B/S 体系架构

　　B/S 架构即浏览器 / 服务器架构。它是 C/S 架构的一种改进，可以说属于三层 C/S 架构，主要利用不断成熟的 WWW 浏览器技术，用通用浏览器实现原来需要复杂专用软件才能实现的强大功能，并节约开发成本，是一种软件系统构造技术。B/S 体系架构如图 1-1 所示。

图 1-1　B/S 体系架构

第一层是浏览器，即客户端，只有简单的输入 / 输出功能，处理极少部分的事务逻辑。由于客户（有时也称为用户）不需要安装客户端，只要通过浏览器就能上网浏览，所以它面向的是大范围的客户，所以界面设计得比较美观，通用。

第二层是 Web 服务器，扮演着信息传送的角色。当客户想要访问数据库时，就会首先向 Web 服务器发送请求，Web 服务器统一请求后会向数据库服务器发送访问数据库的请求，这个请求是以 SQL 语句实现的。若该请求无须访问数据库，则 Web 服务器直接把页面返回给浏览器。

第三层是数据库服务器，它扮演着重要的角色，因为它存放着大量的数据。当数据库服务器收到 Web 服务器的请求后，会对 SQL 语句进行处理，并将返回的结果发送给 Web 服务器，接下来，Web 服务器将收到的数据结果转换为 HTML 文本形式发送给浏览器，也就是我们打开浏览器看到的界面。

2. B/S 架构工作原理

B/S 架构采取浏览器请求、服务器响应的工作模式。客户可以通过浏览器去访问互联网上由 Web 服务器存储的文本、数据、图片、动画、视频点播和声音等信息；而每一个 Web 服务器又可以通过各种方式与数据库服务器连接，大量的数据实际存放在数据库服务器中。涉及数据库访问的部分由 Web 服务器交给数据库服务器来解释执行，并返回给 Web 服务器，Web 服务器又将页面代码返回给浏览器。具体的 B/S 架构工作流程如图 1-2 所示。

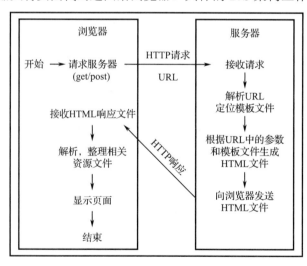

图 1-2　B/S 架构工作流程

1.1.2　前端与后端

前端也称为客户端，简单来说，可以在应用程序或浏览器上看到的所有内容都属于前端。举个例子：你正在访问新浪网站首页，其中文字、动画、图片、视频、段落和线条之间的间距，以及页面上的按钮，所有这一切都是前端。

后端也称为服务器端，也就是在系统"后面"所发生的事情。同样，在后端服务器和浏览器或应用程序之间存储网站、应用数据和中间媒介的服务器都属于后端。简单来说，在应用程序或浏览器上看不到的所有东西都属于系统的后端。

所以，可以把前端理解为界面，后端理解为给前端提供的支撑服务。

网站的后端需要设置服务器、存储和检索数据，以及将这些服务器与前端进行连接的接口。如果说前端开发人员更关注网站的外观，后端开发人员则更关注网站的速度、性能和响应能力，后端通过编码、API 和数据库进行集成。

对于开发人员来说，前端和后端的岗位要求还是有很大区别的，如表 1-1 所示。

表 1-1　前端和后端岗位要求的区别

	前　端	后　端
专业知识	前端 Web 开发人员需要精通 HTML、CSS 和 JavaScript	后端开发人员应该拥有数据库、服务器、API 等技能
职位描述	前端开发人员团队设计网站的外观，并通过测试不断修改	后端开发人员开发软件，并构建支持前端的数据库架构
独立开发服务	除非网站是一个简单工作的静态网站，否则不能单独提供前端服务	后端服务可以作为 BaaS（后端即服务）独立提供
项目目标	前端开发人员的目标是确保所有客户都可以访问该网站或应用，并在所有视图中做出响应	后端开发人员的目标是围绕前端构建程序，并提供所需的所有支持，并确保站点或应用始终正常运行

从具体的技术栈来说，前端和后端也有很大的不同，如表 1-2 所示。

表 1-2　前端和后端开发技术栈的区别

	前　端	后　端
编程语言	HTML、CSS、JavaScript	PHP、Python、SQL、Java、C#
框架	Angular.JS、React.JS、Backbone.JS、Vue.JS、Sass、Ember.JS、NPM	Laravel、Express、ASP.NET
数据库	Local Storage、CoreData、SQLite、Cookies、Sessions	MySQL、Postgre SQL、MongoDB、Oracle、SQL Server
服务器	-	Ubuntu、Apache、Nginx、Linux、Windows
其他	Ajax、Babel、Dojo、Flux、Socket.IO	微服务、负载均衡、Redis、消息队列

1.1.3　网站与网页

1. 网站

网站（Website）是指在 Internet 上根据一定的规则，用于展示特定内容的相关网页的集合。网站是一种沟通工具，人们可以通过网站来发布想要公开的资讯，或者利用网站来提供相关的网络服务。网站也是以服务器为载体在互联网上拥有域名或地址并提供一定服务的主机空间。人们可通过 Web 服务访问、浏览网站文件，也可通过远程文件传输（FTP）服务上传、下载网站文件。网站按照不同分类标准，可以分成以下类型：

● 根据网站所用编程语言分类。例如，ASP 网站、PHP 网站、JSP 网站、ASP. NET 网站等。
● 根据网站的用途分类。例如，门户网站（综合网站）、行业网站、娱乐网站等。

- 根据网站的功能分类。例如，单一网站（企业网站）、多功能网站（网络商城）等。
- 根据网站的持有者分类。例如，个人网站、商业网站、政府网站、教育网站等。
- 根据网站的商业目的分类。营利性网站(行业网站、论坛)、非营利性网站(企业网站、政府网站、教育网站)。

在实际开发中，要根据网站的不同类型，对网站的风格、配色、布局等进行设计。使网站整体观感适配于所属类别，比如政府网站就应该简洁明了、清新大气，而娱乐网站则应该活泼欢快、时尚流行。

2. 网页

网站是由网页组成的，网页是构成网站的基本元素，是承载各种网站应用的载体。网页是用 HTML（超文本标记语言）编写的纯文本文件，需要通过 Web 浏览器来阅读。

通常把网页分成静态网页与动态网页。下面简单介绍下它们的概念与区别。

（1）静态网页

静态网页不能简单地理解成静止不动的网页，它主要指的是网页中没有与后端交互的程序代码。静态网页的一般后缀为 .html、.htm。虽然静态网页的页面一旦形成，内容就是固定的，但是静态网页也可以包含一些视觉上"动"的部分，例如 gif 动画、网页轮播图、浮动窗口等。

（2）动态网页

动态网页是跟静态网页相对而言的一种网页，动态网页文件中除了 HTML 标记，还包括一些能够生成特定内容的程序代码，这些代码可以使得客户端和服务器端交互，服务器端根据客户的请求参数动态生成网页的内容。即，动态网页相对于静态网页来说，在同样的页面代码之下，显示的页面内容是可以随着操作的不同而发生改变的。

动态网页与网页上各种视觉动态效果没有直接关系，动态网页生成的内容也可以是不动的，例如，纯文本网页。无论网页内容是否具有视觉上的动态效果，只要采用了动态网页技术（如 PHP、ASP.NET、JSP 等），动态生成网页的内容，都可以称为动态网页。

（3）静态网页和动态网页的区别

- 更新和维护。静态网页内容一经发布到网站服务器上，无论是否有用户访问，这些网页内容都是保存在 Web 服务器上的。如果要修改网页内容，就必须修改其源代码，然后重新上传到服务器上，当网站信息量很大的时候网页的制作和维护都很困难。动态网页可以根据不同的用户请求动态地生成不同的网页内容，并且动态网页一般以数据库技术为基础，可以大大降低网站维护的工作量。
- 交互性。静态网页由于很多内容都是固定的，在功能方面有很大的限制，所以交互性较差。动态网页则可以实现更多的功能，如用户的登录、注册、查询等。
- 响应速度。静态网页内容相对固定，容易被搜索引擎检索，且不需要连接数据库，因此响应速度较快。动态网页实际上并不是独立存在于服务器上的网页文件，只有当用户请求时服务器才返回一个完整的网页，其中涉及数据库的连接访问和查询等一系列过程，所以响应速度相对较慢。

1.1.4　主流浏览器介绍

浏览器最重要的部分是浏览器内核，它决定了浏览器如何显示网页的内容及页面的格式信息。不同的浏览器内核对网页编写语法的解释也有不同，因此同一网页在不同内核的浏览器里的显示效果也可能不同，这也是网页开发者需要在不同内核的浏览器中测试网页显示效果的原因。

浏览器内核又可以分成两部分：渲染引擎（Rendering Engine）和 JS 引擎。渲染引擎负责取得网页的内容（HTML、XML、图像等）、整理信息（例如，加入 CSS 等），以及计算网页的显示方式，然后会输出至显示器或打印机。JS 引擎则是解析 JavaScript 语言，执行 JavaScript 语言来实现网页的动态交互效果。最开始渲染引擎和 JS 引擎并没有区分得很明确，后来 JS 引擎越来越独立，浏览器内核就倾向于只指渲染引擎。浏览器内核工作原理如图 1-3 所示。

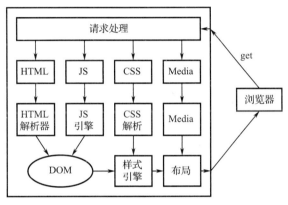

图 1-3　浏览器内核工作原理

目前最为主流的浏览器有 5 款，分别是 IE（微软最新推出的 Microsoft Edge）、Firefox、Google Chrome、Safari（macOS 中的浏览器）、Opera。

四大浏览器内核为 Trident 内核（也称 IE 内核）、Webkit 内核（最新为 Blink 内核）、Gecko 内核、Presto 内核。

常见浏览器使用的内核说明如表 1-3 所示。

表 1-3　常见浏览器使用的内核说明

序　号	浏览器	内　核
1	IE 浏览器	Trident 内核，即俗称的 IE 内核，最新 Edge 浏览器采用谷歌的 Chromium 内核
2	Chrome 浏览器	统称为 Chromium 内核或 Chrome 内核，以前是 Webkit 内核，现在是 Blink 内核
3	Firefox 浏览器	Gecko 内核，俗称 Firefox 内核
4	Safari 浏览器	Webkit 内核
5	Opera 浏览器	最初采用的是自己的 Presto 内核，后来是 Webkit，现在是 Blink 内核
6	360 浏览器、猎豹浏览器	IE+Chrome 双内核
7	搜狗、遨游、QQ 浏览器	Trident（兼容模式）+Webkit（高速模式）

续表

序　号	浏　览　器	内　核
8	百度浏览器	IE 内核
9	2345 浏览器	以前采用 IE 内核，现在采用 IE+Chrome 双内核

　　实际上在日常的使用中，选择什么浏览器是没有特殊要求的。但是在 Web 开发中，建议还是选择一款兼容性较好的浏览器。当前使用最广泛的是 Chrome 浏览器，也被称为互联网领域最好的浏览器，用户体验非常优秀，尤其是对 HTML5 的兼容也是最好的。因此，建议在 Web 开发中使用 Chrome 浏览器。

在线练习

　　扫描右边的二维码进行在线练习，可以帮助初学者了解 Web 系统的基本概念。

1.2　前端常用技术

1.1 在线练习

1.2.1　前端常用技术概述

1. 开发语言

　　网页开发语言发展有近 30 年的历史了，经多次版本更新，HTML5 和 CSS3 的出现是最近的一次革新。Web 前端开发需要掌握的核心技术是 HTML、CSS 和 JavaScript，在实际 Web 开发中 HTML、CSS、JavaScript 是相互搭配使用的。

　　（1）HTML 用来标记内容（重在内容组织）

　　HTML 是超文本标记语言的简称，它是一种不严谨的、简单的标识性语言。它用各种标签将页面中的元素组织起来，告诉浏览器该如何显示其中的内容。

　　（2）CSS 用来修饰内容样式（重在内容样式美化）

　　CSS 是层叠样式表的简称，它是用来表现 HTML 文件样式的，简单说就是负责 HTML 页面中元素的展示及布局。

　　（3）JavaScript 用来做交互（重在用户与页面的交互）

　　JavaScript 是一种脚本语言，可以运行在客户端或者服务器端（Node.js）。JavaScript 的解释器就是 JS 引擎。JavaScript 主要是用来扩展页面交互能力的，使静态（这里的静态指的是没有交互）的 HTML 具有一定的交互行为，比如表单提交、动画特效、弹窗等。

　　总结下来，如果把 HTML 比作一辆汽车，那 CSS 就好比是汽车的内饰，而 JavaScript 则是汽车上安装的系统。只有这三部分配合好了，驾驶员才能获得最大的驾驶乐趣。

2. 兼容性

　　前面已经提到每种内核对代码的解析是不完全一样的，即使同样内核也可能存在很大差异，如 IE 和遨游版的 IE。因为这些历史的原因，不说非主流的浏览器，就是主流的浏览器要做到完全相互兼容，也并非易事。开发工作需要前端开发工程师长时间的积累和测试来解决兼容性问题，也需要前端开发工程师对前端开发充满热爱和激情。

　　在前端领域，随着技术的不断进步，诞生了一些里程碑式的前端框架。这些前端框架，大都是随着兼容性问题的发生、发展而诞生、发展的。

这些框架代表了当时先进、成熟、主流的前端应用开发方式与发展方向，兼容性问题也在这些框架的基础之上不断得到解决，大致分为以下三个阶段：

- DOM 操作框架，代表框架为 jQuery。
- 响应式框架，代表框架为 Bootstrap。
- 前端 MV* 框架，代表框架为 React.js、Angular.js、Vue.js。

3. 业内标准

目前 Web 前端开发中提到最多的就是 W3C 标准，这是一系列标准的集合，代表了互联网发展的方向，也代表了前端开发的一种标准。浏览器开发商和 Web 程序开发人员在开发新的应用程序时遵守指定的标准更有利于 Web 更好地发展。

开发人员按照 Web 标准制作网页，这样对于开发人员来说就更加简单了，因为他们可以很容易了解彼此的编码。使用 Web 标准，将确保所有浏览器正确显示你的网站而无须费时重写。遵守标准的 Web 页面可以使得搜索引擎更容易访问并收入网页，也可以更容易地转换为其他格式，并更易于访问程序代码。

4. 开发工具

随着 Web 技术的发展日新月异，Web 开发人员不得不加快脚步，学习新的技术和编程语言。为了使得 Web 开发人员能够更加专注于业务层面的开发，市场上涌现了各种各样的 Web 开发工具，灵活运用这些工具就能使你的开发效率大幅提升，事半功倍。

（1）编码开发工具

目前比较流行的 Web 前端编码开发工具有 HBuilderX（HBuilder）、VScode、Sublime Text 等。详细内容会在 1.3.1 节进行介绍。

（2）本地开发环境

有很多集成软件将 Apache、MySQL 和其他资源打包在一起方便开发人员使用。常见的本地开发环境包括 WAMP、LAMP、XAMPP 等。

（3）前端框架

前端框架可以帮助开发人员更快速地开发出一个网页。我们常见的 jQuery、Bootstrap 等都是前端框架。框架里面会封装一些功能代码，比如 HTML 文档操作、控件的样式、响应的样式等。

近几年出现的以 React.js、Angular.js、Vue.js 为代表的三大前端框架，使得 Web 前端开发人员可以以模型为中心进行 Web 程序开发，实现了前后端解耦，简化了开发流程，可以让开发人员把更多精力放到业务逻辑上，提升了开发效率。

（4）数据库

数据库是存储信息的集合，可以进行信息的检索、管理、更新等操作。Web 开发人员常用的数据库有 MySQL、MariaDB、MongoDB、Redis 等。

（5）代码托管

Git 是一款免费、开源的分布式版本控制系统，可以高效地管理大小项目的各个版本，帮助开发团队避免混乱。

1.2.2　前端技术的发展前景

Web 前端整体技术的发展和前端工程师个人的能力是相辅相成的。前端工程师一般是从页面 UI 开发转行为 Web 前端开发的，也有一部分是由后端工程师转行而来的。这和 Web 前端开发技术入门门槛较低有直接的关系。当然，Web 前端在技术方面也存在着大量的挑战，大量旧的网站需要重构来提高网站用户体验和性能等。这些网站的前端代码普遍存在的问题有：代码组织混乱，CSS 代码和 JavaScript 代码混合在 HTML 代码中；代码的格式问题突出，不够整洁；页面布局随意，HTML 代码不符合标准；网站整体性能差，开发人员还没有意识到要去应用诸如缓存、动态加载、脚本压缩、图片压缩等提高性能的技术。

目前前端开发技术栈已经进入成熟期。在 Vue.js、React.js 和 Angular.js 等前端框架出现后，前端在代码开发方面的复杂度已经基本得到解决，再加上 Node.js 解决了前后端分离难题，前端技术栈本身已经非常成熟。前端开发技术未来发展有以下几个趋势。

1.　全栈开发

Web 前后端融合为 Web 全栈开发。Node.js 已经给前端开发很好地开了个头，就是让前端开发人员了解 HTTP 协议的细节，了解常规的 API 开发。了解 HTTP 协议的前端开发人员，可以逐步承担后端开发的任务，而了解 HTTP 协议的后端开发人员，也会因为三大框架开发模式的成熟而学会前端开发。进而，这两类人会演化为全栈开发人员。

2.　应用入口小程序化

类似腾讯、阿里巴巴、滴滴、美团这样拥有互联网入口的公司，会做自己的一套效仿微信小程序的体系。其主要原因是，这些入口应用容纳自己公司的各类业务线，已经臃肿不堪，使用 App 原生开发迭代效率跟不上，使用原生 HTML 又难以做到高性能，因此使用类似小程序的方案，既可以做到共享长期积累的开发模式和经验，也可以裁撤大量平时用不到的 API，降低渲染页面的复杂度。

万物互联的时代，更多的人、场景、知识将需要被更加紧密地联系在一起，而有连接的地方就会有界面，有界面的地方就会有前端。

【思政一刻】

🚩 通过了解技术的发展趋势，让学生进行职业规划，更理性地思考自己的未来，初步尝试性地选择未来适合自己的事业和生活，尽早开始培养自己的综合能力和综合素质。

 在线练习

扫描右边的二维码进行在线练习，可以帮助初学者了解前端常用技术。

1.3　HBuilderX 开发工具

1.2 在线练习

1.3.1　常用前端开发工具

建议 Web 开发者在起步阶段使用主流的 Web 开发编辑器如 HBuilderX（HBuilder）、VScode、Sublime Text 等进行开发。

1．HBuilderX

HBuilderX，H 是 HTML 的首字母，Builder 表示构造者，X 表示 HBuilder 的下一代版本，也简称为 HX。HX 是轻如编辑器、强如 IDE 的合体版本。

HX 的特点有以下几点：

- 轻巧，仅 10MB 左右的绿色发行包（不含插件）。
- 极速，不管是启动、大文档打开，还是编码提示，都极速响应。C++ 的架构性能远超 Java 或 Electron 架构。
- Vue 开发强化，HX 对 Vue 做了大量优化投入，开发体验远超其他开发工具。
- 小程序支持，国外开发工具没有对中国的小程序开发进行优化，HX 可新建 uni-app 小程序等项目，为国人提供更高效工具。
- markdown 利器，HX 是唯一一个新建文件默认类型是 markdown 的编辑器，也是对 md 支持最强的编辑器。
- 清爽护眼，HX 的界面比其他工具更清爽简洁，绿柔主题经过科学的脑疲劳测试，是最适合人眼长期观看的主题界面。
- 强大的语法提示，HX 所在的公司是中国唯一一家拥有自主 IDE 语法分析引擎的公司，对前端语言提供准确的代码提示和转到定义（转到定义是指执行该代码后光标转到标识符的定义语句处）。
- 高效极客工具，更强大的多光标、智能双击等，让字处理的效率大幅提升。
- 更强的 JSON 支持，现代 JS 开发中会采用大量 JSON 结构的写法，HX 提供了比其他工具更高效的操作。

2．VScode

VScode 的全称是 Visual Studio Code，它是微软在 2015 年 4 月 30 日 Build 开发者大会上发布的一款开源的、免费的、跨平台的、高性能的、轻量级的代码编辑器。它在性能、语言支持、开源社区方面，都做得很不错，是编写现代 Web 和云应用的跨平台源代码编辑器，可在桌面上运行，并且可用于 Windows、macOS 和 Linux。它具有对 JavaScript、TypeScript 和 Node.js 的内置支持，并具有丰富的其他语言（例如 C++、C#、Java、Python、PHP、Go）和运行时（例如 .NET 和 Unity）扩展的生态系统。

3．Sublime Text

Sublime Text 是一款具有代码高亮、语法提示、自动完成且反应快速的编辑器软件，不仅具有华丽的界面，还支持插件扩展机制，用它来写代码，绝对是一种享受。这款优秀的编辑器无疑是 Web 开发人员最佳的选择之一。

Sublime Text 在 Linux、macOS 和 Windows 下均可使用。Sublime Text 是可扩展的，并包含大量实用插件，我们可以通过安装自己领域的插件来成倍提高工作效率。Sublime Text 是命令行环境和图形界面环境下的最佳选择，会大大提高工作效率。

1.3.2　HBuilderX 的下载及使用

1．HBuilderX 的下载

打开 HBuilderX 的官方网站，选择"HBuilberX 极客开发工具"，如图 1-4 所示。进入下载页面后单击"DOWNLOAD"按钮，如图 1-5 所示。选择操作系统类型，再选择具体的版本，一般初学者选择标准版即可，如图 1-6 所示。

图 1-4　HBuilderX 官网首页

图 1-5　下载首页

下载完成，找到压缩包，将其解压到想要安装的文件夹。HBuilderX 是绿色软件，解压完成后，在解压文件存储地址中找到 HBuilderX.exe，直接双击运行 HBuilderX.exe 文件即可，如图 1-7 所示。

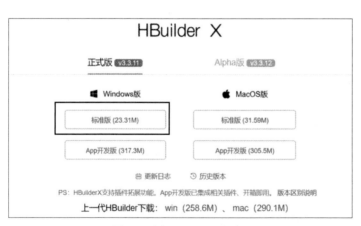

图 1-6　选择 HBuilderX 版本

图 1-7　运行 HBuilderX

2. HBuilderX 的使用

HBuilderX 提供的功能众多，这里不一一进行介绍。下面以创建一个显示"Hello World"的网页为案例介绍一下开发过程。其余的功能读者可在学习中自行探索。

（1）创建项目

打开 HBuilderX 后，首先在"新建"菜单中选择"1. 项目"，如图 1-8 所示。

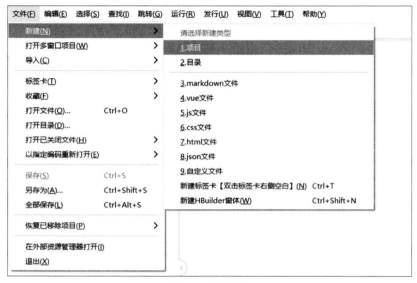

图 1-8　新建项目

　　然后需要输入项目名称,选择项目保存路径和模板。这里选择"普通项目",模板选择"空项目"即可,如图 1-9 所示。单击"创建"按钮,即可完成新项目的创建。

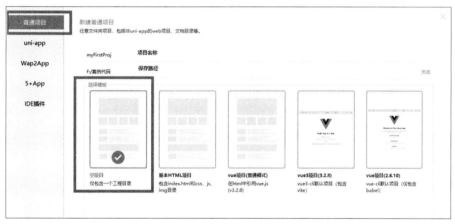

图 1-9　新项目的创建

（2）新建页面

　　项目创建完成后,在 HBuilderX 左侧的项目管理器中会加载该项目的所有资源,如图 1-10 所示。

图 1-10　项目管理器

首先在项目管理器中右键单击项目名称,弹出管理菜单,选择"新建"菜单中的"7.html 文件",如图 1-11 所示。

图 1-11　新建 HTML 文件

然后输入 HTML 文件名称,单击"创建"按钮,即可完成 HTML 页面的创建,如图 1-12 所示。创建完成后,在项目管理器中即可看到文件。

图 1-12　完成创建 HTML 文件

（3）编辑页面

在项目管理器中双击对应文件,即可进入编辑器对其进行编辑。HBuilderX 已经把页面结构创建好了,这里我们只需要在 body 标签中写入"Hello World",如图 1-13 所示。

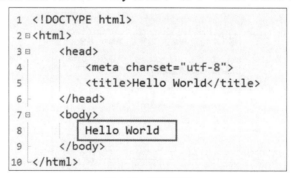

图 1-13　编辑页面

（4）浏览页面

编写完成后按 Ctrl+S 快捷键保存页面，然后选择 HBuilderX 工具栏中的浏览器运行，这里选择 Chrome 浏览器，如图 1-14 所示，即可查看页面在浏览器中的显示效果。HBuilderX 已经内置了 Web 服务器，开发时不需要单独安装 Web 服务器，直接运行即可，具体效果如图 1-15 所示。

图 1-14　浏览页面

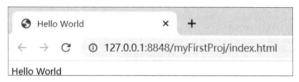

图 1-15　页面运行效果

1.3.3　HBuilderX 常用快捷键

HBuilderX 提供了大量的快捷键方便开发人员使用，也允许开发人员自定义快捷键。HBuilderX 的快捷键原则是：不定义记不住的快捷键。过去的很多工具都提供了太多的快捷键，完全记不住。HBuilderX 在定义每个快捷键时都经过了考量，记住如下原则，就可快速掌握大部分快捷键。

1. 尽可能保持与 OS、浏览器接近

如标签卡管理，与浏览器完全相同，Ctrl+T 为新建标签卡、Ctrl+Shift+T 为恢复刚关闭的标签卡、Ctrl+W 为关闭标签卡、Ctrl+Pagedown/Pageup 为切换标签卡。

2. 界面快捷键都与 Alt 键相关

可以把键盘方位当作屏幕。Q 为左上角字母，那么 Alt+Q 为显示 / 关闭左侧的项目管理器。Q 旁边的 W 是文档结构图（大纲），即 Alt+W 为显示 / 关闭文档结构图。右上角字母是 P，即 Alt+P 为显示 / 关闭右侧的预览。

- Alt+N：把焦点聚焦在编辑区中。
- Alt+X（底部字母）：显示 / 关闭控制台。
- Alt+C（底部字母）：显示 / 关闭终端。
- Alt+数字：切换相应位置的标签卡，比如 Alt+1 为转到第一个标签卡。
- Alt+[：在各种括号之间跳转。
- Alt+D：转到定义（F12 键也可以），使用 Shift+Alt+D 或 Shift+F12 为分栏转到定义。

在 Windows 下，Alt+字母同时也是菜单的 & 快捷键，可触发相应菜单功能，比如按下 Alt+V，即可展开视图菜单。菜单名称后面括号里的英文，即为对应的触发快捷字母。

3. Ctrl 为操作键、Ctrl+Shift 为反操作或更多操作键、Ctrl+Alt 为更多操作键

- Ctrl+K 为格式化，Ctrl+Shift+K 表示合并为一行。

- Ctrl+W 为关闭当前标签卡，Ctrl+Shift+W 为关闭所有标签卡。
- Ctrl+F 为搜索，Ctrl+Alt+F 为目录内搜索。

4. 符号化而不是单词字母化

包围的英文是 Surround，但从这个单词里选一个字母再配合 Ctrl 键定为快捷键则是很难记住的，故 HBuilderX 中的快捷键 Ctrl+] 为包围，Ctrl+Shift+] 为反包围，这样就好记多了。

Ctrl+Shift+| 为给选中行的每行设置光标，"|"就是光标的样子，很形象。

5. 强化和鼠标的配合，更易用

- Alt+鼠标滚轮为横向滚动。
- Alt+鼠标单击为转到定义。
- Alt+鼠标拖动为列选择。
- Command+鼠标单击为添加多光标。

 在线练习

扫描下面的二维码进行在线练习，可以帮助初学者掌握 HBuilderX 开发工具的使用。

1.3 在线练习

单元 2　HTML 基础

HTML 最初出现在 20 世纪 90 年代早期，它基于已有的标准通用标记语言（Standard Generalized Markup Language，SGML），专为标记用于新生的万维网的文档而设计。自从诞生以来，HTML 已经经历了多次修改和增强。新的特性被加入，同时也有一些特性因变得过时而被剔除。1999 年 HTML 4.01 版本发布，2014 年 HTML5 标准规范制定完成。要掌握 HTML 的新特性，先要掌握 HTML 的基本语法，本单元将对 HTML 的基本结构和语法、常用标签的使用方法进行详细讲解。

学习目标

- 熟悉 HTML 文档的基本结构。
- 掌握 HTML 文本类标签的使用。
- 掌握图片标签的使用，理解相对路径与绝对路径的概念。
- 掌握 HTML 超链接的使用。
- 掌握 HTML 列表、表格标签的使用。
- 掌握 HTML 表单及表单元素的使用。
- 掌握容器及框架标签的使用。

知识地图

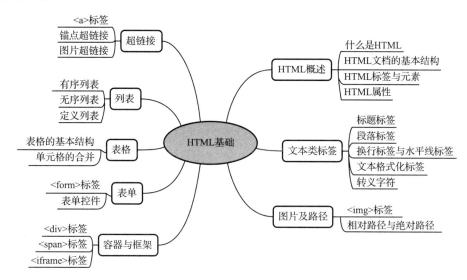

2.1 HTML 概述

HTML 是一种用来开发网页的计算机语言，它通过标签（标记式指令）将文本、音视频、图片、表格、按钮、输入框等内容显示出来。每个网页都是一个 HTML 文档，使用浏览器访问一个链接（URL），实际上就是下载、解析和显示 HTML 文档的过程。将众多 HTML 文档放在一个文件夹中，然后提供对外访问权限，就构成了一个网站。本节对 HTML 的发展历程、文档的基本结构、标签的语法格式进行讲解。

2.1.1 什么是 HTML

HTML 英文全称是 Hyper Text Markup Language，中文译为"超文本标记语言"，专门用来设计和编辑网页。使用 HTML 编写的文件称为"HTML 文档"，一般后缀为 .html（也可以使用 .htm）。HTML 文档是一种纯文本文件，可以使用 Windows 记事本、Linux Vim、Notepad++、Sublime Text、VS Code 等文本编辑器来打开或者创建。

自 HTML 诞生以来，经过不断的发展，市面上出现了许多 HTML 版本，有关 HTML 版本的简要介绍如表 2-1 所示。

表 2-1 HTML 版本介绍

HTML 版本	版 本 说 明
HTML 1.0	HTML 的第一个版本，发布于 1991 年
HTML 2.0	HTML 的第二个版本，发布于 1995 年，该版本中增加了表单元素及文件上传等功能
HTML 3.2	HTML 的第三个版本，由 W3C 于 1997 年年初发布，该版本增加了创建表格及表单的功能
HTML 4.01	HTML 4.01 于 1999 年 12 月发布，该版本增加了对样式表（CSS）的支持。HTML 4.01 是一个非常稳定的版本，是当前的官方标准
HTML5	HTML5 的初稿于 2008 年 1 月发布，是公认的下一代 Web 语言，极大地提升了 Web 在富媒体、富内容和富应用等方面的能力，被誉为终将改变移动互联网的重要推手。2014 年，HTML5 标准规范制定完成，并公开发布

HTML4 和 HTML5（简称 H5）是两个最重要的版本，HTML4 适应了 PC 互联网时代，HTML5 适应了移动互联网时代。HTML5 在 HTML4 的基础上增加了很多语义化的标签，功能更加强大，除了较低版本的 IE 浏览器，几乎所有其他浏览器都能很好地支持 HTML5。

2.1.2 HTML 文档的基本结构

HTML 文档的基本结构如案例 2.1.1 所示，其中包含了各种创建网页所需的标签（例如 doctype、html、head、title 和 body 等）。案例运行效果如图 2-1 所示。

【案例 2.1.1】HTML 文档的基本结构（案例代码 \unit2\2.1.1.html）

```
<!DOCTYPE html >
<html>
  <head>
    <title>HTML 文档结构 </title>
    < meta charset="UTF-8">
  </head>
  <body>
```

```
   <h1> 这是一个标题 </h1>
   <p> 这是一个段落 </p>
   <p> 这是另一个段落 </p>
   <a href="http://www.baidu.com/" > 这是一个链接，指向百度网首页 </a>
   <ul>
      <li> 静态网页设计教程 </li>
      <li>HTML5 教程 </li>
      <li>CSS3 入门教程 </li>
   </ul>
   <input type="text" placeholder=" 请输入内容 " />
  </body>
</html>
```

[语法说明]

● <!DOCTYPE html>：这是文档类型声明，用来将文档声明为 HTML 文档（从技术上来说它并不是标签），DOCTYPE 声明不区分大小写。

● <html></html>：该标签是 HTML 文档的根标签，其他所有的标签都需要在 <html> 和 </html> 标签之间定义。

● <head></head>：该标签中用来定义 HTML 文档的一些信息，如标题、编码格式等。

● <meta charset="UTF-8">：用来指明当前网页采用 UTF-8 编码，UTF-8 是全球通用的编码格式，绝大多数网页都采用 UTF-8 编码。

● <title></title>：该标签用来定义网页的标题，网页标题会显示在浏览器的标签栏。

● <body></body>：该标签用来定义网页中我们能通过浏览器看到的所有内容，如段落、标题、图片、链接等。

● <h1></h1>：该标签用来定义标题。

● <p></p>：该标签用来定义段落。

● <a></a>：该标签用来定义链接。

● <ul></ul>：该标签用来定义列表。

● <li></li>：该标签用来定义列表项。

● <input type="text" />：用来定义一个输入框。

图 2-1　HTML 文档的基本结构

2.1.3　HTML 标签与元素

1. HTML 标签

HTML 中的标签就像关键字一样，每个标签都有自己的语义（含义），例如，<p> 标签代表段落，<b> 标签代表加粗。根据标签的不同，浏览器会使用不同的方式展示标签中的内容。在实际开发中，有时我们也将 HTML 标签称为 HTML 元素。

HTML 标签的语法格式为：

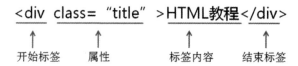

一般情况下，一个 HTML 标签由开始标签、属性、标签内容和结束标签组成，标签的名称不区分大小写，但大多数属性的值需要区分大小写。

开始标签中还可以包含许多其他属性信息，比如 id、name 等。

虽然 HTML 标签在语法上不区分大小写，但是为了规范和专业，强烈建议在定义标签时一律采用小写。

有一些 HTML 标签没有单独的结束标签，而是在开始标签中添加"/"来进行闭合，这种标签称为单标签或自闭标签。例如，分割线标签 <hr/>，文本换行标签
。

大多数 HTML 标签都是可以嵌套使用的，也就是说一个 HTML 标签中可以包含其他的 HTML 标签，我们编写的 HTML 文档就是由相互嵌套的 HTML 标签构成的。

2. HTML 元素

HTML 元素指的是从开始标签到结束标签的所有代码。

例如，body 元素

```
<body>
</body>
```

body 元素定义了 HTML 文档的主体。这个元素拥有一个开始标签 <body>，以及一个结束标签 </body>。

例如，html 元素

```
<html>
  <body>
  </body>
</html>
```

html 元素定义了整个 HTML 文档。这个元素拥有一个开始标签 <html>，以及一个结束标签 </html>。

元素内容是另一个 HTML 元素（body 元素）。

例如，p 元素

```
<p> 这是一个段落 </p>
```

这个 p 元素定义了 HTML 文档中的一个段落。这个元素拥有一个开始标签 <p>，以及一个结束标签 </p>。

元素内容是：这是一个段落。

2.1.4　HTML 属性

属性可以为 HTML 标签提供一些额外信息，或者对 HTML 标签进行修饰。属性需要添加在开始标签中，语法格式为：

属性名 =" 属性值 "

属性值必须使用双引号 " " 或者单引号 ' ' 包围。

虽然双引号和单引号都可以包围属性值，但是为了规范和专业，请尽量使用双引号。

一个标签可以没有属性，也可以有一个或者多个属性。

HTML 有很多属性，大体可以分为两类：

● 有些属性适用于大部分或者所有 HTML 标签，我们将这些属性称为通用属性。

● 有些属性只适用于一个或者几个特定的 HTML 标签，我们将这些属性称为专用属性。

1.　通用属性

HTML 标签中有一些通用的属性，如 id、title、class、style 等，这些通用属性可以在大多数 HTML 标签中使用，下面来介绍一下它们的用法。

（1）id 属性

id 属性用来赋予某个标签唯一的名称（标识符），当我们使用 CSS 或者 JavaScript 来操作这个标签时，就可以通过 id 属性来找到这个标签。为标签定义 id 属性可以给我们提供很多便利，如下所示：

```
<input type="text" id="username" />
```

（2）class 属性

与 id 属性类似，class 属性也可以为标签定义名称（标识符），不同的是 class 属性在整个 HTML 文档中不必是唯一的，我们可以为多个标签定义相同的 class 属性值。另外，还可以为一个 HTML 标签定义多个 class 属性值，如下所示：

```
<div class="className "></div>
```

（3）style 属性

使用 style 属性我们可以在 HTML 标签内部为标签定义 CSS 样式，例如，设置文本的颜色、字体等，如下所示：

```
<div style="padding:10px;border:2px solid #999;text-align:center;">HTML 教程 </div>
```

2.　专用属性

HTML 中的 <img> 标签有 src 和 alt 两个专用属性，<a> 标签也有 href 和 target 两个专用属性，如下所示：

```
<img src="title.jpg" alt=" 图片 " width="100" height="50">
<a href="https://www.baidu.com" target="_blank"> 百度网 </a>
```

<img> 标签中的 src 属性用来定义图像的路径；alt 属性用来定义图像的描述信息，当图像出现异常无法正常显示时就会显示 alt 中的信息。

<a> 标签的 href 属性用来定义链接的地址，target 属性用来定义新页面在浏览器中的

打开方式。

3. 自定义属性

除了自带的属性，HTML 也允许我们自定义属性，这些属性虽然可以被浏览器识别，但是并不会添加什么特殊效果，我们需要借助 CSS 和 JavaScript 处理自定义属性，为 HTML 标签添加指定样式或者行为。

 在线练习

扫描右边的二维码进行在线练习，可以帮助初学者了解 HTML 基本概念。

2.1 在线练习

2.2 文本类标签

HTML 文本类标签用于对 HTML 文档中的文本进行换行、分段、格式化等排版设计，这些标签可以部分替代 CSS 样式改变文本的外观。

2.2.1 标题标签

HTML 中提供了从 <h1> 到 <h6> 六个级别的标题标签，<h1> 标签的级别最高，<h6> 标签的级别最低，通过这些标签可以定义网页中的标题（与 Word 中的标题类似），合理地使用标题可以使网页的层次结构更加清晰。默认情况下，浏览器会以比普通文本更大和更粗的字体显示标题中的内容，使用 <h1> 标签定义的标题字体最大，而使用 <h6> 标签定义的标题字体最小。

【案例 2.2.1】标题标签的使用（案例代码 \unit2\2.2.1.html）

```
<html>
  <head>
    <title> 标题标签 </title>
    <meta http-equiv="content-type" content="text/html; charset=UTF-8">
  </head>
  <body>
    <h1>h1 标题 </h1>
    <h2>h2 标题 </h2>
    <h3>h3 标题 </h3>
    <h4>h4 标题 </h4>
    <h5>h5 标题 </h5>
    <h6>h6 标题 </h6>
  </body>
</html>
```

案例 2.2.1 的运行效果如图 2-2 所示。

关于标题标签的使用，有以下几点需要注意：

● HTML 标题标签只能用来定义标题，不建议使用标题标签来对文本进行加粗设计。

● 由于搜索引擎（例如百度）是使用标题来索引网页结构和内容的，因此使用标题标签有利于搜索引擎的抓取。

● 标题标签并不是随意使用的，要根据具体的使用环境，按照级别由高到低使用标题标签。

● 应该使用 <h1> 标签来标记最重要的标题，该标题通常位于页面顶部，而且一个
HTML 文档中通常应该有且仅有一个 <h1> 标题，至于较低级别的标题标签（例如，
<h2>、<h3>、<h4> 等）的使用则可以不加限制。

图 2-2　标题标签的使用

2.2.2　段落标签

HTML 中可以使用段落标签 <p> 来将文档中的内容分割为若干个段落，语法格式如下：

<p> 段落中的内容 </p>

段落标签由开始标签 <p> 和结束标签 </p> 组成，开始标签和结束标签之间的内容会
被视为一个段落。段落标签是一个非常基本的标签，我们在网页上发布文章时就会用到它，
如案例 2.2.2 所示。

【案例 2.2.2】段落标签的使用（案例代码 \unit2\2.2.2.html）

```
<html>
  <head>
    <title> 段落标签 </title>
    <meta http-equiv="content-type" content="text/html; charset=UTF-8">
  </head>
  <body>
    <p> 什么是 HTML<p>
    <p>HTML 的全称为超文本标记语言，是一种标记语言。它包括一系列标签. 通过这些标签可以
将网络上的文档格式统一，使分散的 Internet 资源连接为一个逻辑整体。HTML 文本是由 HTML 命令组成
的描述性文本，HTML 命令可以说明文字，图形、动画、声音、表格、链接等。<p>
    <p align="center"> 网页设计教程 <p>
  </body>
</html>
```

案例 2.2.2 的运行效果如图 2-3 所示。

图 2-3　段落标签的使用

2.2.3 换行标签与水平线标签

1. 换行标签

 可插入一个简单的换行符。

 标签属于自闭标签，因此不需要对应的结束标签 </br>。

请注意，
 标签只是简单地开始新的一行，而当浏览器遇到 <p> 标签时，通常会在相邻的段落之间插入一些垂直的间距。

【案例 2.2.3】换行标签的使用（案例代码 \unit2\2.2.3.html）

```html
<html>
  <head>
    <title> 段落标记 </title>
    <meta http-equiv="content-type" content="text/html; charset=UTF-8">
  </head>
  <body>
    <p> 什么是 HTML<p>
    <p>HTML 的全称为超文本标记语言，是一种标记语言。它包括一系列标签。<br>
    通过这些标签可以将网络上的文档格式统一，使分散的 Internet 资源连接为一个逻辑整体。<br>
    HTML 文本是由 HTML 命令组成的描述性文本，HTML 命令可以说明文字，图形、动画、声音、
表格、链接等。<p>
    <p align="center"> 网页设计教程 <p>
  </body>
</html>
```

案例 2.2.3 的运行效果如图 2-4 所示。

图 2-4　换行标签的使用

2. 水平线标签

<hr> 标签在 HTML 页面中创建一条水平线，在视觉上将文档分隔成各个部分。

【案例 2.2.4】水平线标签的使用（案例代码 \unit2\2.2.4.html）

```html
<html>
  <head>
<title> 段落标记 </title>
<meta http-equiv="content-type" content="text/html; charset=UTF-8">
  </head>
  <body>
    <p> 什么是 HTML</p>
    <hr>
    <p>HTML 的全称为超文本标记语言，是一种标记语言。它包括一系列标签。<br>
    通过这些标签可以将网络上的文档格式统一，使分散的 Internet 资源连接为一个逻辑整体。
<br>HTML 文本是由 HTML 命令组成的描述性文本，HTML 命令可以说明文字，图形、动画、声音、
链接等。</p >
```

```
        <p align="center"> 网页设计教程 </p >
    </body>
</html>
```

案例 2.2.4 的运行效果如图 2-5 所示。

图 2-5　水平线标签的使用

2.2.4　文本格式化标签

一些 HTML 标签除了具有一定的语义（含义），还有默认的样式，例如，<b>（加粗）、<em>（倾斜）等，通过这些标签我们无须借助 CSS 就可以为网页中的内容定义样式。在这些具有语义和默认样式的标签中，有许多是针对文本的，通过这些标签我们可以格式化文本（为文本添加样式），例如，使文本加粗、倾斜或者添加下画线等。HTML 中有许多用来格式化文本的标签，如表 2-2 所示。

表 2-2　常用的文本格式化标签

标　　签	描　　述
<b>…</b>	加粗标签中的字体
<em>…</em>	强调标签中的内容，并使标签中的字体倾斜
<i>…</i>	定义标签中的字体为斜体
<small>…</small>	定义标签中的字体为小号字体
<strong>…</strong>	强调标签中的内容，并将字体加粗
_…	定义下标文本
[…]	定义上标文本
<ins>…</ins>	定义已经被插入文档中的文本
<del>…</del>	在文本内容上添加删除线
<code>…</code>	定义一段代码
<kbd>…</kbd>	用来表示文本是通过键盘输入的
<samp>…</samp>	定义程序的样本
<var>…</var>	定义变量
<pre>…</pre>	定义预格式化的文本，被该标签包裹的文本会保留所有的空格和换行符，字体也会呈现为等宽字体
<abbr>…</abbr>	用来表示标签中的内容为缩写形式
<address>…</address>	用来定义文档作者的联系信息，被该标签包裹的文本通常会以斜体呈现，并在文本前面换行
<bdo>…</bdo>	定义标签中的文字方向

续表

标　　签	描　　述
<blockquote>…</blockquote>	定义一段引用的文本，例如名人名言，文本会换行输出，并在左右两边进行缩进
<q>…</q>	定义一段短的引用，浏览器会将引用的内容使用双引号包裹起来
<cite>…</cite>	表示对某个文献的引用，例如书籍或杂志的名称，文本会以斜体显示
<dfn>…</dfn>	用来定义一个术语，标签中的文本会以斜体呈现

按照作用的不同，可以将这些用来格式化文本的标签分为以下两类。

● 物理标签：这类标签用来设置文本的外观。

● 逻辑标签：这类标签用来赋予文本一些逻辑或语义值。

通过表 2-2 可以看出，有些标签的呈现效果虽然相同，但语义却不同，例如，<strong> 和 <b> 标签、<em> 和 <i> 标签，下面就来加以区别。

1. <strong> 和 <b> 标签之间的区别

默认情况下，<strong> 和 <b> 标签都可以使文本以粗体展示，但是 <strong> 标签的语义是标签中的内容具有很高的重要性，而 <b> 标签的语义仅仅是加粗文本以引起读者的注意，并没有特殊的意思。

【案例 2.2.5】<strong> 与 <b> 标签的使用（案例代码 \unit2\2.2.5.html）

```html
<html>
  <head>
    <title> 段落标签 </title>
    <meta http-equiv="content-type" content="text/html; charset=UTF-8">
  </head>
  <body>
    <p><strong> 什么是 HTML</strong></p>
    <hr>
    <p><b>HTML</b> 的全称为超文本标记语言，是一种标记语言。它包括一系列标签。<br> 通过这些标签可以将网络上的文档格式统一，使分散的 Internet 资源连接为一个逻辑整体。<br> HTML 文本是由 HTML 命令组成的描述性文本，HTML 命令可以说明文字，图形、动画、声音、表格、链接等。</p>
    <p align="center"> 网页设计教程 </p>
  </body>
</html>
```

此处给第一个段落中的 HTML 添加 <strong> 标签是为了强调 HTML 的重要性，以及它带来的震撼效果；而给第二个段落中的 HTML 添加 <b> 标签仅仅是为了视觉上的加粗效果，这样能引起读者的注意。

案例 2.2.5 的运行效果如图 2-6 所示。

图 2-6　<strong> 与 <b> 标签的区别

2. \<em\> 和 \<i\> 标记之间的区别

同样，\<em\> 和 \<i\> 标签默认情况下均以斜体显示标签中的文本，但是 \<em\> 标签具有强调的语义，用来表示标签中的内容很重要，而 \<i\> 标签仅仅用于定义斜体文本。

2.2.5　转义字符

转义字符（Escape Sequence）也称字符实体（Character Entity）。在 HTML 中，定义转义字符的原因有两个：第一个原因是像 "\<" 和 "\>" 这类符号已经用来表示 HTML 标签，因此就不能直接当作文本中的符号来使用。为了在 HTML 文档中使用这些符号，就需要定义它的转义字符串。当解释程序遇到这类字符串时就把它解释为真实的字符。在输入转义字符串时，要严格遵守字母大小写的规则。第二个原因是，有些字符在 ASCII 字符集中没有定义，因此需要使用转义字符串来表示。

1. 转义字符的组成

转义字符串分成三部分：第一部分是一个 "&" 符号，英文叫 Ampersand；第二部分是实体（Entity）名称或者是 # 加上实体（Entity）编号；第三部分是一个分号 ";"。

例如，要显示小于号 "\<"，就可以写成 "<" 或者 " <"。

同一个符号，可以用 "实体名称" 和 "实体编号" 两种方式引用，"实体名称" 的优势在于便于记忆，但不能保证所有的浏览器都能顺利识别它，而 "实体编号" 则没有这种担忧，但它不方便记忆。

用实体（Entity）名称的好处是比较好理解，例如，一看到 lt，大概就猜出是 less than 的意思，但是其劣势在于并不是所有的浏览器都支持最新的 Entity 名称。而实体（Entity）编号各种浏览器都能处理。

实体名称（Entity）是区分大小写的。

2. 常用转义字符

通常情况下，HTML 会自动截去多余的空格。不管你加多少空格，都被看作一个空格。比如在两个字之间加了 10 个空格，HTML 会截去 9 个空格，只保留一个。为了在网页中增加空格，可以使用 " " 表示空格。

HTML 的常用转义字符如表 2-3 所示。

表 2-3　HTML 的常用转义字符

显　　示	说　　明	实体名称	实体编号
	半角的空格		
	全半角的空格		
	半角的不断行的空格		
\<	小于	&lt;	&#60;
\>	大于	&gt;	&#62;
&	& 符号	&amp;	&#38;
"	双引号	&quot;	&#34;
©	版权	&copy;	&#169;
®	注册商标	&reg;	&#174;

续表

显　示	说　明	实体名称	实体编号
×	乘号	&times;	&#215;
÷	除号	&divide;	&#247;

在线练习

扫描右边的二维码进行在线练习，可以帮助初学者了解 HTML 文本标签的使用。

2.2 在线练习

2.3　图片及路径

图片比文字更具表现力，恰当地使用图片可以让网页更加精美。掌握图片元素的使用和图片文件资源的引用是美化网页的关键。

2.3.1　<img> 标签

HTML 使用 <img> 标签插入图片，img 是 image 的简称。<img> 是自闭标签，只包含属性，没有结束标签。<img> 标签的语法格式如下：

```
<img src="url" alt="text">
```

● src 是必选属性，它是 source 的简称，用来指明图片的地址或者路径。src 支持多种图片格式，比如 jpg、png、gif 等。src 可以使用相对路径，也可以使用绝对路径。
● alt 是可选属性，用来定义图片的文字描述信息。当由于某些原因（例如图片路径错误、网络连接失败）导致图片无法加载时，就会显示 alt 属性中的信息。

【案例 2.3.1】<img> 标签的使用（案例代码 \unit2\2.3.1.html）

```
<html>
  <head>
    <title>img 图片标签 </title>
    <meta http-equiv="content-type" content="text/html; charset=UTF-8">
  </head>
  <body>
    <!-- 使用绝对路径插入网络图片 -->
    <img src="D:\ 案例代码 \unit2\001.jpg" alt=" 新时代的一场重大考验 "><br>
    <!-- 在当前 HTML 文档的上层目录中有一个 images 文件夹，该文件夹下有一张图片 002.png -->
    <img src="images/002.png" alt=" 与新冠病毒做斗争 ">
  </body>
</html>
```

2.3.2　相对路径与绝对路径

在使用计算机查找需要的文件时，需要知道文件的位置，文件位置的表示方式就是路径。网页中的路径通常分为绝对路径和相对路径。

1. 绝对路径

绝对路径分为本地绝对路径和网络绝对路径两种。本地绝对路径一般从盘符开始，到文件名称结束；网络绝对路径从网站的域名开始，到文件名结束，在使用时需要加上协议。

绝对路径之所以称为绝对，是指当所有页面引用同一个文件时，使用的路径都是一样的。例如：

本地绝对路径

c:/project/images/banner.jpg

网络绝对路径

http://i3.sinaimg.cn/blog/2022/0303/S129809T1414550868715.jpg

2. 相对路径

相对路径与绝对路径类似，不同的是在描述目录或文件路径时，所采用的参考点不同。绝对路径以域名或盘符为参考点，到文件名称结束；相对路径以当前文件位置为参考点，到文件名称结束。

相对路径的设置分为以下 3 种。

（1）图像文件和 HTML 文档位于同一文件夹

<img src="banner.jpg"/>

（2）图像文件位于 HTML 文档的下一级文件夹 images 中

<img src="images/banner.jpg"/>

（3）图像文件位于 HTML 文档的上一级文件夹

<img src="../banner.jpg"/>

在上面的示例中，

● ./ 表示同级目录，可以省略不写。
● ../ 表示上一级目录，../../ 表示上两级目录，以此类推。

在线练习

扫描右边的二维码进行在线练习，可以帮助初学者掌握图片标签的使用和相对路径与绝对路径的用法。

2.3 在线练习

2.4　超链接

超链接是网页中最常见的元素之一，整个互联网都是基于超链接而构建的。网站由众多网页构成，超链接使得网页之间不再独立，它就像一根线，把网页连接在一起，形成一个网状结构。互联网之所以能够称为"网"，就是因为有超链接的存在。

超链接（Hyperlink）通常简称为链接（Link），是指从一个网页指向另一个目标的连接关系，这个目标可以是另一个网页，也可以是当前网页中的其他位置，还可以是图片、文件、应用程序等。

在 HTML 中，使用 <a> 标签来表示超链接。

2.4.1　<a> 标签

<a> 标签的语法格式如下：

```
<a href="url" target="opentype"> 链接文本 </a>
```

href 属性用来指明要跳转到的 URL 地址，target 属性用来指明新页面的打开方式，链接文本需要写在 <a> 和 </a> 之间。

例如，链接到百度网首页，并在浏览器新窗口中打开：

```
<a href="https://www.baidu.com" target="_blank"> 百度 </a>
```

1. href 属性

href 属性用于指定链接的目标，也就是要跳转到什么位置。href 可以有多种形式：

- href 可以指向一个网页（.html、.php、.jsp、.asp 等格式），这也是最常见的形式。
- href 可以指向图片（.jpg、.gif、.png 等格式）、音频（.mp3、.wav 等格式）、视频（.mp4、.mkv 格式）等媒体文件。
- href 可以指向压缩文件（.zip、.rar 等格式）、可执行程序（.exe）等。

href 使用的路径可以是绝对路径，也可以是相对路径。

2. target 属性

target 是可选属性，用来指明新页面的打开方式。默认情况下，新页面在当前浏览器窗口中打开，我们可以使用 target 属性来改变新页面的打开方式。常见的 target 属性值如表 2-4 所示。

表 2-4　target 属性值

属 性 值	说　　明
_self	默认，在现有窗口中打开新页面，原窗口将被覆盖
_blank	在新窗口中打开新页面，原窗口将被保留
_parent	在当前框架的上一层打开新页面
_top	在顶层框架中打开新页面

2.4.2　锚点超链接

跳转到锚点的超链接跟普通的超链接格式是一样的。普通的超链接 <a href=" 路径 "></a> 是跳转到不同的页面；而锚点超链接 <a href="#id 名 "></a> 可以在页面中不同的位置间跳转，其实就是在同一页面元素间跳转，通过创建锚点链接，用户能够快速定位到目标内容。

使用锚点超链接的步骤如下。

1. 建立锚点目标

给目标元素增加 id 属性，例如，<div id="test" name="test"></div>。

2. 创建跳转到锚点的超链接

例如，跳转到 id="test" 的 div 元素的锚点超链接为 <a href="#test"></a>。

注意：锚点的超链接路径一定包含 "#"，后面紧跟元素的 id。

【案例 2.4.1】同一个页面内的锚点超链接（案例代码 \unit2\2.4.1.html）

```
<html>
  <head>
    <title> 锚点链接 </title>
```

```
        <meta http-equiv="content-type" content="text/html; charset=UTF-8">
    </head>
    <body>
        <h3> 文学名著介绍 <br>
            <a href="#h1">《鲁滨逊漂流记》</a><br>
            <a href="#h2">《战争与和平》</a><br>
            <a href="#h3">《海底两万里》</a><br>
            <a href="#h4">《汤姆·索亚历险记》</a><br>
        </h3>
        <h2 id="h1">《鲁滨逊漂流记》</h2>
```
《鲁滨逊漂流记》是英国现实主义小说的开山之作、航海探险小说的先驱，是世界文学宝库中的一部不朽经典。小说从出版至今，已有几百种版本，几乎译成了世界上所有的文字，是除了《圣经》之外出版最多的世界十大文学名著之一。
```
            <br><br><br><br><br><br><br><br>
        <h2 id="h2">《战争与和平》</h2>
```
《战争与和平》是托尔斯泰 1863—1869 年间创作的一部现实主义的、英雄史诗式的宏伟巨著，以其恢弘的构思和卓越的艺术描写震惊世界文坛。
```
            <br><br><br><br><br><br><br><br>
        <h2 id="h3">《海底两万里》</h2>
```
《海底两万里》是凡尔纳著名的科幻三部曲的第二部。它以语言生动、幽默，情节妙趣横生而著称，100 多年来，一直受到青少年读者的喜爱。
```
            <br><br><br><br><br><br><br><br>
        <h2 id="h4">《汤姆·索亚历险记》</h2>
```
《汤姆·索亚历险记》是马克·吐温最受读者欢迎和喜爱的一部小说，它既是一部伟大的儿童文学作品，也是一首美国 " 黄金时代 " 的田园牧歌。
```
            <br><br><br><br><br><br><br>
    </body>
</html>
```

在案例 2.4.1 中，首先使用 <a href="#id 属性值 "> 链接文本 </a> 创建链接文本，其中 id 名称标注目标元素的 id 属性值。然后，对要跳转目标元素的 id 属性值进行标注 <h2 id="id 属性值 ">。

案例 2.4.1 的运行效果如图 2-7 所示。

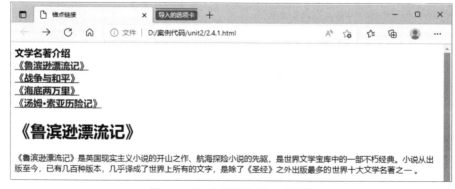

图 2-7　同一个页面不同部分的跳转

如果要跳转到不同页面上的锚点，超链接的语法格式如下：

<a href=" 目标页面的 url# id 属性值 "></a>，

单击超链接，先跳转到目标页面，然后再寻找 id="id 属性值" 的元素，定位到锚点目标内容。

【案例 2.4.2】不同页面间的锚点超链接（案例代码 \unit2\2.4.2_1.html）

```
<html>
  <head>
    <title> 锚点链接 </title>
    <meta http-equiv="content-type" content="text/html; charset=UTF-8">
  </head>
  <body>
    <h3> 文学名著介绍 <br>
    <a href="2.4.2_2.html.html#h1">《鲁滨逊漂流记》</a><br>
    <a href="2.4.2_2.html.html#h2">《战争与和平》</a><br>
    <a href="2.4.2_2.html.html#h3">《海底两万里》</a><br>
    <a href="2.4.2_2.html.html#h4">《汤姆·索亚历险记》</a><br>
    </h3>
  </body>
</html>
```

包含锚点页面（案例代码 \unit2\2.4.2_2.html）

```
<html>
  <head>
    <title> 锚点链接 </title>
    <meta http-equiv="content-type" content="text/html; charset=UTF-8">
  </head>
  <body>
    <h3> 文学名著介绍 </h3><br>
    <h2 id="h1">《鲁滨逊漂流记》</h2>
《鲁滨逊漂流记》是英国现实主义小说的开山之作、航海探险小说的先驱，是世界文学宝库中的一
部不朽经典。小说从出版至今，已有几百种版本，几乎译成了世界上所有的文字，是除了《圣经》之外
出版最多的世界十大文学名著之一。
    <br><br><br><br><br><br><br><br><br><br>
    <h2 id="h2">《战争与和平》</h2>
《战争与和平》是托尔斯泰 1863—1869 年间创作的一部现实主义的、英雄史诗式的宏伟巨著，以其
恢弘的构思和卓越的艺术描写震惊世界文坛。
    <br><br><br><br><br><br><br><br><br>
    <h2 id="h3">《海底两万里》</h2>
《海底两万里》是凡尔纳著名的科幻三部曲的第二部。它以语言生动、幽默，情节妙趣横生而著称，
100 多年来，一直受到青少年读者的喜爱。
    <br><br><br><br><br><br><br><br><br>
    <h2 id="h4">《汤姆·索亚历险记》</h2>
《汤姆·索亚历险记》是马克·吐温最受读者欢迎和喜爱的一部小说，它既是一部伟大的儿童文学作品，
也是一首美国 " 黄金时代 " 的田园牧歌。
    <br><br><br><br><br><br><br><br><br>
  </body>
</html>
```

2.4.3　图片超链接

若要在 HTML 页面中实现图片超链接，可以通过将图像元素嵌套在 a 元素中，使其

成为一个超链接，语法格式如下：

<a href=" 链接地址 " target=" 目标窗口打开方式 "><img src=" 图像文件的地址 "></a>

　　　　🚩　暗链，是指黑客通过隐形篡改技术在被攻击网站的网页中植入的隐藏链接，这些暗链往往被链接到非法信息。为了避免网站被恶意地植入"暗链"，需要我们不断强化自身的网络安全意识，做好网站的安全防护，同时，不要因为过度好奇，单击一些未知的网址，更不能利用自身掌握的网络技能做触犯法律的事。

 在线练习

　　扫描右边的二维码进行在线练习，可以帮助初学者掌握 HTML 超链接的使用。

2.4 在线练习

2.5　列表

　　HTML 列表（List）可以将若干条相关的内容整理在一起，让内容看起来更加有条理。在列表内可以放置文本、图像、链接等，也可以在一个列表中定义另一个列表（列表嵌套）。HTML 为我们提供了以下三种不同形式的列表：

　　（1）有序列表，使用 <ol> + <li> 标签。

　　（2）无序列表，使用 <ul> + <li> 标签。

　　（3）定义列表，使用 <dl> + <dt> + <dd> 标签。

2.5.1　有序列表

　　在 HTML 中，<ol> 标签用来表示有序列表，有序列表之间的内容有先后顺序之分。

　　有序列表需要使用 <ol> 和 <li> 标签：

　　● <ol> 是 order list 的简称，表示有序列表，它可以为列表的每一项进行编号，默认从数字 1 开始。

　　● <li> 是 list item 的简称，表示列表的每一项，<ol> 中有多少个 <li> 就表示有多少条内容。列表项中可以包含文本、图片、链接等，甚至还可以是另外一个列表。

　　<ol> 一般和 <li> 配合使用，不会单独出现，而且不建议在 <ol> 中直接使用除 <li> 之外的其他标签。

　　【案例 2.5.1】有序列表的使用（案例代码 \unit2\2.5.1.html）

```
<html>
  <head>
    <meta charset="UTF-8">
    <title> 有序列表 </title>
  </head>
  <body>
      <p> 关闭计算机流程: </p>
      <ol>
```

```
    <li> 保存编辑的文档 </li>
    <li> 关闭应用程序 </li>
    <li> 关闭操作系统 </li>
    <li> 切断电源 </li>
  </ol>
  </body>
</html>
```

案例 2.5.1 的运行效果如图 2-8 所示。

图 2-8　有序列表的使用

2.5.2　无序列表

HTML 使用 <ul> 标签来表示无序列表。无序列表和有序列表类似，都使用 <li> 标签来表示列表的每一项，但是无序列表之间的内容没有顺序。

无序列表需要使用 <ul> 和 <li> 标签：

● <ul> 是 unordered list 的简称，表示无序列表。

● <ul> 中的 <li> 和 <ol> 中的 <li> 一样，都表示列表中的每一项。默认情况下，无序列表的每一项都使用●符号表示。

<ul> 一般和 <li> 配合使用，不会单独出现，而且不建议在 <ul> 中直接使用除 <li> 之外的其他标签。

【案例 2.5.2】无序列表的使用（案例代码 \unit2\2.5.2.html）

```
<html>
  <head>
    <meta charset="UTF-8">
    <title> 无序列表 </title>
  </head>
  <body>
    <p> 关闭计算机流程： </p>
    <ul>
      <li> 保存编辑的文档 </li>
      <li> 关闭应用程序 </li>
      <li> 关闭操作系统 </li>
      <li> 切断电源 </li>
    </ul>
  </body>
</html>
```

案例 2.5.2 的运行效果如图 2-9 所示。

图 2-9　无序列表的使用

2.5.3　定义列表

在 HTML 中，<dl> 标签用于创建定义列表。定义列表由"标题"（术语）和"描述"两部分组成，"描述"是对"标题"的解释和说明，"标题"是对"描述"的总结和提炼。

定义列表的具体语法格式如下：

```
<dl>
  <dt> 标题 1<dt>
  <dd> 描述文本 2<dd>

  <dt> 标题 2<dt>
  <dd> 描述文本 2<dd>

  <dt> 标题 3<dt>
  <dd> 描述文本 3<dd>
</dl>
```

定义列表需要使用 <dl>、<dt> 和 <dd> 标签：

● <dl> 是 definition list 的简称，表示定义列表。

● <dt> 是 definition term 的简称，表示定义术语，也就是我们说的标题。

● <dd> 是 definition description 的简称，表示定义描述 。

可以认为 <dt> 定义了一个概念（术语），<dd> 用来对概念（术语）进行解释。

<dt> 和 <dd> 是同级标签，它们都是 <dl> 的子标签。一般情况下，每个 <dt> 搭配一个 <dd>，一个 <dl> 可以包含多对 <dt> 和 <dd>。

<dt> 和 <dd> 虽然是同级标签，但是它们的默认样式不同，<dt> 中的内容顶格显示，而 <dd> 中的内容带有一段缩进，这样层次更加分明。

【案例 2.5.3】定义列表的使用（案例代码 \unit2\2.5.3.html）

```
<html>
  <head>
    <meta charset="UTF-8">
    <title> 定义列表 </title>
  </head>
  <body>
    <dl>
      <dt>HTML</dt>
      <dd>HTML 的全称为超文本标记语言，是一种标记语言。它包括一系列标签. 通过这些标签
```

可以将网络上的文档格式统一，使分散的 Internet 资源连接为一个逻辑整体。HTML 文本是由 HTML 命令组成的描述性文本，HTML 命令可以说明文字，图形、动画、声音、表格、链接等。</dd>
        `<dt>JSP</dt>`
         `<dd>`JSP（全称 JavaServer Pages）是由 Sun Microsystems 公司主导创建的一种动态网页技术标准。JSP 部署于网络服务器上，可以响应客户端发送的请求，并根据请求内容动态地生成 HTML、XML 或其他格式文档的 Web 网页，然后返回给请求者。JSP 技术以 Java 语言作为脚本语言，为用户的 HTTP 请求提供服务，并能与服务器上的其他 Java 程序共同处理复杂的业务需求。`</dd>`
    `</dl>`
  `</body>`
`</html>`

案例 2.5.3 运行效果如图 2-10 所示。

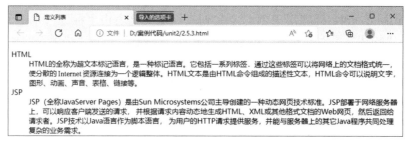

图 2-10　定义列表的使用

 在线练习

扫描右边的二维码进行在线练习，可以帮助初学者掌握 HTML 列表的使用。

2.5 在线练习

2.6　表格

HTML 中的表格和 Excel 中的表格是类似的，都包括行、列、单元格、表头等元素。但是 HTML 表格在功能方面远没有 Excel 表格强大，HTML 表格不支持排序、求和等数学计算，它一般用来展示数据，目的是在 HTML 文档中将用户数据整齐、美观地展现出来。

2.6.1　表格的基本结构

在 HTML 中，我们使用 `<table>` 标签来定义表格。

在 HTML 中创建表格需要用到 `<table>`、`<tr>`、`<td>`、`<th>` 等标签，具体语法如下所示：

```
<table    border="1"><!—定义表格 -->
  <tr><!—定义表格行 -->
    <td><!—定义表格列 -->
            单元格内容
    </td>
    ……
  </tr>
  ……
</table>
```

【案例 2.6.1】表格的基本结构（案例代码 \unit2\2.6.1.html）

```
<html>
```

```
<head>
    <title> 表格的基本结构 </title>
    <meta http-equiv="content-type" content="text/html; charset=UTF-8">
</head>
<body>
    <table width="600px" bordercolor="blue"     border="1">
        <tr>
            <th> 书名 </th>
            <th> 出版社 </th>
            <th> 出版时间 </th>
        </tr>
        <tr>
            <td>HTML 基础教程 </td>
            <td> 人民邮电出版社 </td>
            <td>2018</td>
        </tr>
        <tr>
            <td>Java 程序设计 </td>
            <td> 清华大学出版社 </td>
            <td>2021</td>
        </tr>
        <tr>
            <td>JSP 程序设计 </td>
            <td> 清华大学出版社 </td>
            <td>2020</td>
        </tr>
        <tr>
            <td>Photoshop 入门 </td>
            <td> 水利水电出版社 </td>
            <td>2019</td>
        </tr>
    </table>
</body>
</html>
```

案例 2.6.1 的运行效果如图 2-11 所示。

图 2-11　表格的基本结构

这是一个 5 行 3 列的表格。第一行为表头，其余 4 行为内容。在上述代码中，我们使用了 <table>、<tr>、<td> 及 <th> 4 种标签：

（1）<table> 表示表格，表格的所有内容需要写在 <table> 和 </table> 之间。

（2）<tr> 是 table row 的简称，表示表格的行。表格中有多少个 <tr> 标签就表示有多少行数据。

（3）<td> 是 table datacell 的简称，表示表格的单元格，这才是真正存放表格数据的标签。单元格的数据可以是文本、图片、列表、段落、表单、水平线、表格等多种形式。

（4）<th> 是 table heading 的简称，表示表格的表头。<th> 其实是 <td> 单元格的一种变体，本质上还是一种单元格。<th> 一般位于第一行，充当每一列的标题。大多数的浏览器会把表头显示为粗体居中的文本。

默认情况下，表格是没有边框的。可以使用 <table> 标签中的 border 属性来设置表格的边框宽度，border 属性规定围绕表格的边框的宽度。单位是 px（像素），而且 px 是默认的单位，不用显式指明。本例中我们将表格的边框宽度设置为 1px。

border 属性会为每个单元格应用边框，并用边框围绕表格。如果 border 属性的值发生改变，那么只有表格四周边框的宽度会发生变化。表格内部的边框则是 1 像素宽。

提示：设置 border="0"，可以显示没有边框的表格。

从实用角度出发，最好不要规定边框，而是使用 CSS 来为表格添加边框样式和颜色。例如，网页中常见的表格样式大多为单层边框，上例中展示的表格为双层边框。为了避免这种情况，可以利用 CSS 中的 border-collapse 属性来设置表格的边框。border-collapse 是"边框塌陷"的意思，当属性值为 collapse 时，可以使表格的双边框变为单边框。

【案例 2.6.2】单边框表格（案例代码 \unit2\2.6.2.html）

在案例 2.6.1 的基础上，设置 <table> 标签的 style 属性，代码如下所示：

```
<table border="1" style="border-collapse: collapse;">
```

设置边框样式后运行效果如图 2-12 所示。 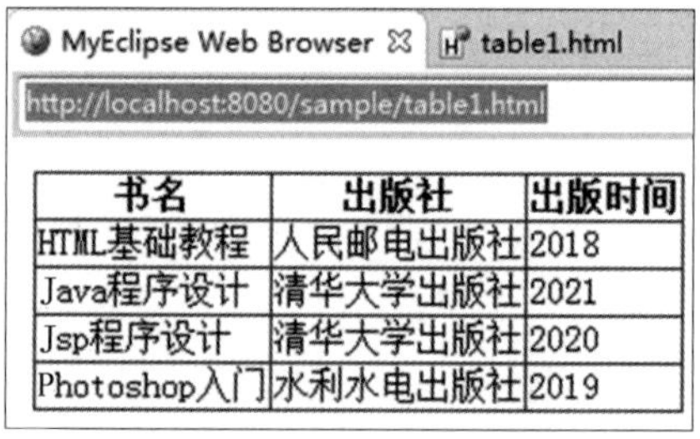

图 2-12　单边框表格

2.6.2　单元格的合并

和 Excel 类似，HTML 也支持单元格的合并，包括"跨行合并"和"跨列合并"两种。

（1）rowspan：表示跨行合并。在 HTML 中，使用 rowspan 属性来表明单元格所要跨越的行数。

（2）colspan：表示跨列合并。在 HTML 中，使用 colspan 属性来表明单元格所要跨越的列数。

具体语法格式如下：

```
<td rowspan="n"> 单元格内容 </td>
<td colspan="n"> 单元格内容 </td>
```

n 是一个整数，表示要合并的行数或者列数。

注意：rowspan 和 colspan 都是 <td> 标签的属性。

【案例 2.6.3】单元格合并（案例代码 \unit2\2.6.3.html）

本案例中，我们将表格第 1 列的第 2、3、4 行单元格合并（跨行合并），将第 6 行的第 1、2、3、4 列合并（跨列合并）。

```html
<html>
  <head>
    <title> 单元格合并 </title>
    <meta http-equiv="content-type" content="text/html; charset=UTF-8">
  </head>
  <body>
    <table width="600px" bordercolor="blue"    border="1" >
    <tr>
      <th> 图书类别 </th>
    <th> 书名 </th>
    <th> 出版社 </th>
    <th> 出版时间 </th>
    </tr>
    <tr>
      <td rowspan="3"> 程序设计 </td>
      <td>HTML 基础教程 </td>
      <td> 人民邮电出版社 </td>
      <td>2018</td>
    </tr>
    <tr>
      <td>Java 程序设计 </td>
      <td> 清华大学出版社 </td>
      <td>2021</td>
    </tr>
    <tr>
      <td>JSP 程序设计 </td>
      <td> 清华大学出版社 </td>
      <td>2020</td>
    </tr>
    <tr>
      <td> 图形图像 </td>
      <td>Photoshop 入门 </td>
      <td> 水利水电出版社 </td>
      <td>2019</td>
    </tr>
    <tr>
      <td colspan="4" align="center"> 图书种类 4 种 </td>
    </tr>
    </table>
  </body>
</html>
```

案例 2.6.3 的运行效果如图 2-13 所示。

图 2-13　单元格合并

案例运行结果可以发现：rowspan 属性表示向下合并单元格，colspan 属性表示向右合并单元格。每次合并 n 个单元格都要少写 n-1 个 <td> 标签。

注意：即使一个单元格中没有任何内容，我们仍需使用 <td> 或 <th> 元素来表示一个空单元格的存在，建议在 <td> 或 <th> 中加入 " "（空格），否则低版本的 IE 可能无法显示出这个单元格的边框。

在线练习

扫描右边的二维码进行在线练习，可以帮助初学者掌握 HTML 表格的设计。

2.6 在线练习

2.7　表单

当你想要通过网页来收集一些用户的信息（例如用户名、电话、邮箱地址等）时，就需要用到 HTML 表单。表单可以接收用户输入的信息，然后将其发送到后端应用程序，例如 PHP、JSP、ASP、Python 等，后端应用程序将根据定义好的业务逻辑对表单传递来的数据进行处理。

2.7.1　<form> 标签

表单属于 HTML 文档的一部分，其中包含了如输入框、单选按钮、复选按钮、下拉列表、提交按钮等不同的表单控件。用户通过修改表单控件中的内容来完成表单输入，通过表单中的提交按钮可以将表单数据提交给后端程序。

在 HTML 中创建表单需要用到 <form> 标签，具体语法如下所示：

```
<form action="URL" method="GET|POST">
表单中的其他标签
</form>
```

在上面的语法中，<form></form> 标记用于定义表单域，即创建一个表单。<form> 与 </form> 之间放置各种表单控件，<form> 与 </form> 之间的所有内容都会被提交给服务器，服务器可以通过各表单控件的 name 属性，接收用户提交的各种数据。

表单的 action 属性和 method 属性是最常用的两个属性，分别用来定义表单的提交地址和提交方法。

【案例 2.7.1】创建表单（案例代码 \unit2\2.7.1.html）

```
<html>
```

```
<head>
  <title> 表单示例 </title>
  <meta http-equiv="content-type" content="text/html; charset=UTF-8">
</head>
<body>
    <form action="index.jsp" method="get"><!—表单域 -->
      用户名：<input type="text"　name="username"><!—表单控件 -->
      密码：<input type="password"　name="userpwd"><br><!—表单控件 -->
      <input type="submit"　value=" 提交 "><!—表单控件 -->
    </form><!—表单域 -->
  </body>
</html>
```

案例 2.7.1 运行效果如图 2-14 所示。

图 2-14　创建表单

HTML 为 <form> 标签提供了一些专用的属性，如表 2-5 所示。

表 2-5　表单的属性

属　性	可　选　值	描　述
action	URL	设置要将表单提交到何处（默认为当前页面）
autocomplete	on、off	设置是否启用表单的自动完成功能（默认开启）
enctype	application/x-www-form-urlen-coded、multipart/form-data、text/plain	设置在提交表单数据之前如何对数据进行编码（适用于 method="post" 的情况）
method	get、post	设置使用哪种 HTTP 方法来提交表单数据（默认为 get）
name	Text	设置表单的名称
novalidate	Novalidate	如果使用该属性，则提交表单时不进行验证
target	_blank、_self、_parent、_top	设置在何处打开 action 属性设定的链接（默认为 _self）

对属性的说明如下。

1. action 属性

action 属性用来指明将表单提交到哪个页面。

2. method 属性

method 属性表示使用哪种方法提交数据，包括 get 和 post 两种方法，它们两者的区别如下。

● get：用户单击提交按钮后，提交的信息会被显示在页面的地址栏中。一般情况下，get 提交方式中不建议包含密码，因为密码被提交到地址栏，不安全。get 方法提交效果如图 2-15 所示。

图 2-15　get 方法提交效果

39

● post：如果表单包含密码这种敏感信息，建议使用 post 方式进行提交，这样数据会传送到后台，不显示在地址栏中，相对安全。post 方法提交效果如图 2-16 所示。

图 2-16　post 方法提交效果

3. name 属性

name 属性用于指定表单的名称，以区分同一个页面中的多个表单。

4. autocomplete 属性

autocomplete 属性用于指定表单是否有自动完成功能，即将表单控件输入的内容记录下来，当再次输入时，会将输入的历史记录显示在一个下拉列表里，以实现自动完成录入。

5. enctype 属性

enctype 属性规定在发送到服务器之前应该如何对表单数据进行编码。默认地，表单数据会编码为 "application/x-www-form-urlencoded"。就是说，在发送到服务器之前，所有字符都会进行编码（空格转换为 "+" 加号，特殊符号转换为 ASCII HEX 值）。"multipart/form-data" 表示不对字符编码，在使用包含文件上传控件的表单时，必须使用该值。"text/plain" 表示将空格转换为 "+" 加号，但不对特殊字符编码。

2.7.2　表单控件

表单用来收集用户数据，这些数据需要填写在各种表单控件中。表单控件也通过标签来实现，只是它们会呈现一些特殊的外观，并具有一些交互功能。

HTML 表单中可以包含如表 2-6 所示的表单控件。

表 2-6　常用表单控件

控件 / 标签	描　　述
<input>	定义输入框
<textarea>	定义文本域（一个可以输入多行文本的控件）
<label>	为表单中的各个控件定义标题
<fieldset>	定义一组相关的表单元素，并使用边框包裹起来
<legend>	定义 fieldset 元素的标题
<select>	定义下拉列表
<optgroup>	定义选项组
<option>	定义下拉列表中的选项
<button>	定义一个可以单击的按钮
<datalist>	指定一个预先定义的输入控件选项列表
<keygen>	定义表单的密钥对生成器字段
<output>	定义一个计算结果

【案例 2.7.2】用户注册表单（案例代码 \unit2\2.7.2.html）

```html
<html>
  <head>
    <meta charset="UTF-8">
    <title>HTML form 表单演示 </title>
  </head>
  <body>
    <h1> 用户注册 </h1>
    <hr>
    <form action="index.jsp" method="post">
        <!-- 文本输入框控件 -->
    <label> 用户名：</label><input name="username"    type="text"><br>
        <!-- 密码框控件 -->
    <label> 密   码：</label><input name="userpwd"    type="password"><br>
        <!-- 下拉菜单控件 -->
    <label> 性   别：</label>
    <select name="sex">
    <option value="1"> 男 </option>
    <option value="2"> 女 </option>
    <option value="3"> 未知 </option>
    </select>
    <br>
    <!-- 复选框控件 -->
    <label> 兴趣爱好：</label>
    <input type="checkbox" name="hobby" value="1"> 音乐
    <input type="checkbox" name="hobby" value="2"> 体育
    <input type="checkbox" name="hobby" value="3"> 财经
    <input type="checkbox" name="hobby" value="3"> 军事
    <br>
    <!-- 单选按钮控件 -->
    <label> 学   历：</label>
    <input type="radio" name="education" value="1"> 初中
    <input type="radio" name="education" value="2"> 高中
    <input type="radio" name="education" value="3"> 本科
    <input type="radio" name="education" value="4"> 硕士
    <input type="radio" name="education" value="5"> 博士
    <br>
    <!-- 多行文本框控件 -->
    <TEXTAREA name="textarea" cols="40" rows="6"> 欢迎阅读服务条款协议，本协议阐述之条款和
条件适用于您使用本网站的各种工具和服务。
    本服务协议具有合同效力。
            </TEXTAREA>
    <br>
    <!-- 按钮 -->
    <input type="submit" value=" 提交 ">  
    <input type="reset" value=" 重置 ">
    </form>
  </body>
</html>
```

案例 2.7.2 运行效果如图 2-17 所示。

图 2-17　用户注册表单

　对个人信息的收集、使用等行为必须遵循必要原则，即对个人信息的处理应当限定在为了实现处理目的所必要的范围内，并且采取对个人权益影响最小的方式进行。《中华人民共和国网络安全法》规定：任何个人和组织不得窃取或者以其他非法方式获取个人信息，不得非法出售或者非法向他人提供个人信息。

在线练习

扫描右边的二维码进行在线练习，可以帮助初学者掌握 HTML 表单及表单控件的应用。

2.7 在线练习

2.8　容器与框架

2.8.1　<div> 标签

<div> 是非常重要的块级元素，在网页布局（Layout）方面发挥着重要的作用，使用 <div> 我们可以将页面划分成几个部分，通过与 CSS 相结合可以实现各种各样的效果，下面通过案例 2.8.1 演示 <div> 标签的使用，案例运行结果如图 2-18 所示。

【案例 2.8.1】<div> 标签的使用（案例代码 \unit2\2.8.1.html）

```
<html>
  <head>
    <title> 标题标记 </title>
    <meta charset=UTF-8">
  </head>
  <body>
    <div style="width:200px;padding:0px 20px;border:1px solid #ccc;
          background-color:#eee;">
      <h4> 网页设计教程目录 </h4>
      <ul>
        <li><a href="#" target="_blank">HTML 概述 </a></li>
        <li><a href="#" target="_blank">HTML 页面元素及属性 </a></li>
        <li><a href="#" target="_blank">CSS3 入门 </a></li>
        <li><a href="#" target="_blank">CSS3 选择器 </a></li>
      </ul>
    </div>
```

```
        </body>
    </html>
```

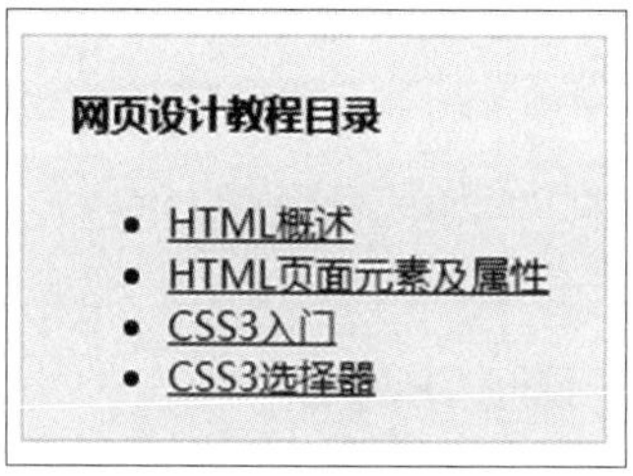

图 2-18   <div> 标签

<div> 标签及其包含的内容可以看作网页的一个模块，<div> 标签本身并没有什么特殊的显示效果，需要借助 CSS 样式对外边距、内边距、背景、边框等进行设置，从而达到网页板块布局的目的。

2.8.2   <span> 标签

<span> 标签可以对 HTML 文档中的文本内容进行修饰，此标签不会为文档内容提供任何视觉效果，但可以与 CSS 结合使用来美化网页。下面通过案例 2.8.2 来演示 <span> 标签的使用，案例运行结果如图 2-19 所示。

【案例 2.8.2】<span> 标签的使用（案例代码 \unit2\2.8.2.html）

```
<span style="background-color: #f6f6f6; border:1px solid #ddd; font-size: 60px;">
    span 示例
</span>
```

本案例中使用 CSS 样式设置 <span> 标签的背景色、边框、字体大小。

span示例

图 2-19   <span> 标签

<span> 标签本身并没有什么特殊效果，通常需要借助 CSS 来改变内容的样式，比如字体、颜色、大小、边框、背景等。

2.8.3   <iframe> 标签

<iframe> 标签用来定义一个内联框架，使用它可以将另一个网页嵌入到当前网页中。<iframe> 标签会在网页中定义一个矩形区域，浏览器可以在这个区域内显示另一个页面的内容。

<iframe> 标签的语法格式如下：

```
<iframe src="url" width="m" height="n"></iframe>
```

● src 属性用来指定要嵌入的网页的地址。

● width 和 height 属性分别用来指定框架的宽度和高度，默认单位是像素，当然也可以使用百分比。

下面通过案例 2.8.3 来演示使用 <iframe> 标签，为内联框架设置高度和宽度，并将案例 2.8.1.html 网页嵌入到框架中显示。案例运行结果如图 2-20 所示。

【案例 2.8.3】<iframe> 标签的使用（案例代码 \unit2\2.8.3.html）

```
<iframe src="2.8.1.html" width="300" height="200"></iframe>
```

图 2-20   <iframe> 标签的使用

 在线练习

扫描右边的二维码进行在线练习，可以帮助初学者了解 HTML 框架与容器的使用。

2.8 在线练习

单元 3　CSS 基础

随着 HTML 的迅速发展，人们对网页的要求越来越多，从而为 HTML 添加了很多显示功能，使得 HTML 页面越来越杂乱臃肿，各种形式的样式表随之产生，但效果并不理想。在此状况下，W3C 组织主导研发了 CSS（Cascading Style Sheets，层叠样式表）标准，使得 CSS 的开发走向规范。

学习目标

- 了解 CSS 的基本概念，掌握 CSS 的基本语法及在网页中引入 CSS 的方法。
- 理解选择器的作用，掌握 CSS 各类型选择器的使用。
- 了解网页文本、网页元素的背景和边框的各种属性，掌握它们的设置方法。
- 理解盒子模型，掌握对网页元素进行内、外边距控制的方法。
- 掌握运用 CSS 灵活设置超链接、列表、表格及表单外观样式的技能。
- 了解 CSS 样式属性的继承性与优先级。

知识地图

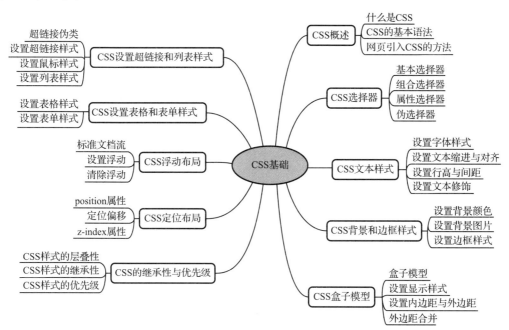

3.1 CSS 概述

3.1.1 什么是CSS

CSS 指层叠样式表（Cascading Style Sheets），简称样式表，最初被提出于 1994 年，1996 年 12 月 CSS 第一版由 W3C 组织发布，到目前为止，版本有 CSS1.0、CSS2.0、CSS3.0，与采用表格进行布局的网页相比，采用 CSS+DIV 进行网页布局有三大显著优势。

1. 表现和内容相分离

所谓内容是通过 HTML 文件存放在网页中的相关信息，而表现通过 CSS 将样式设计部分剥离出来放在一个独立样式文件中，使页面对搜索引擎更加友好。

2. 提高页面浏览速度

对于同一个页面视觉效果，采用 CSS+DIV 重构的页面容量要比 TABLE 编码的页面容量小得多，前者一般只有后者的 1/2，因此浏览器无须编译大量冗长的标签。

3. 易于维护和改版

相对于传统 HTML 的表现而言，CSS 能够对网页中的对象的排版位置进行像素级的精确控制，只要简单修改几个 CSS 文件就可以重新设计整个网站的页面。

3.1.2 CSS 的基本语法

CSS 语法规则集由选择器和声明块两部分组成，下面以 h1 选择器设置颜色和字号两种样式为例子，来分析其 CSS 样式设置语法的详细结构，如图 3-1 所示。

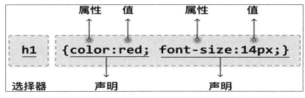

图 3-1　CSS 样式设置语法

1. CSS 选择器

通过 CSS 选择器可以选中需要改变样式的 HTML 元素或元素组合。

2. 声明块

● 包含一条或多条声明，声明之间用分号分隔。
● 每条声明由一个属性和一个值组成，属性和值之间用冒号分隔。
● 所有声明块都通过花括号括起来，形成当前选择器的 CSS 样式。

3.1.3 网页引入 CSS 的方法

样式表被允许以多种方式引入网页文件，用以设置网页元素的样式。

1. 外部样式表

所谓外部样式表是专门创建一个 CSS 文档来存放网页元素的所有样式内容，扩展名为 .css。CSS 文件和 HTML 文件实现了样式与内容完全分离，充分体现当前 Web 发展的趋势，即结构（HTML）与表现（CSS）完全分离的思想，被广泛应用于大多数网页中。那么 HTML 文档与 CSS 文档之间如何关联呢？目前二者关联的方法有 link 加载、@ 加载两种方式，具体用法介绍如下。

- link 加载方式：即链接式，使用 link 标签在文档头部指明要引用的样式表文件，该方式为常用方式，语法结构如下：

```
<link href=" 外部样式表路径 "　rel="stylesheet"　type="text/css"　/>
```

- @ 加载方式：即导入式，使用 @import 标签，在文档声明、HTML 代码中都可以引用。其执行特征是当页面全部加载完，才加载 CSS 文件，该方式为当前不推荐方式，语法结构如下：

```
<style type="text/css">
    @import url( " 外部样式表路径 ");
</style>
```

下面案例采用外部样式表来设置 HTML 元素的样式，效果如图 3-2 所示。

【 案例 3.1.1 】创建外部样式表（案例代码 \unit3\3.1.1.html ）

3.1.1.html

```
<!DOCTYPE html>
<html>
  <head>
    <meta charset="utf-8">
    <title> 创建外部样式表 </title>
    <!-- 方法一：link 方式 -->
    <!--<link rel="stylesheet" href="3-1-1.css" type='text/css'> -->
    <!-- 方法二：@import 方式，该方式可用在内部 CSS 样式或 HTML 标签中 -->
    <style>
            @import url("3-1-1.css");
    </style>
  </head>
  <body>
    <!--<style>
        @import url("3-1-1.css");
    </style> -->
    <p> 利用 <strong> 外部样式表 </strong> 来设置页面颜色和段落字体样式 </p>
  </body>
</html>
```

3.1.1.css

```
body {background-color:#CCC;}
p {
    font-family:" 黑体 ";
    font-size:20px;}
```

图 3-2　创建外部样式表

2. 内嵌式样式表

当单个网页文档需要特殊的样式时，可以使用内嵌式样式表，创建的方式是使用 <style> 标签在文档头部定义内嵌式样式表，简称内嵌。这种样式加载速度快，一般用于首页加载。下面案例采用内嵌式样式表来设置 HTML 元素的样式，效果如图 3-3 所示。

【案例 3.1.2】创建内嵌式样式表（案例代码 \unit3\3.1.2.html）

```
<!DOCTYPE html>
<html>
  <head>
    <meta charset="utf-8">
        <title> 创建内嵌式样式表 </title>
    <style>
            body {background-color:#CCC;}
            p {font-family:" 宋体 ";font-size:20px; }
    </style>
  </head>
  <body>
        <p> 利用 <strong> 内部样式表 </strong> 来设置页面颜色和段落字体样式 </p>
  </body>
</html>
```

图 3-3　创建内嵌式样式表

3. 行内式样式表

行内式样式表也称内联样式表，这种方式由于内容和样式表在一起，违背结构与表现分离的原则，不提倡过多使用，但它拥有最高的优先权，优先于内嵌式样式表、外部样式表或浏览器的默认样式。下面的案例采用行内式样式表来设置 HTML 元素的样式，效果如图 3-4 所示。

【案例 3.1.3】创建行内式样式表（案例代码 \unit3\3.1.3.html）

```
<!DOCTYPE html>
<html>
  <head>
    <meta charset="utf-8">
        <title> 创建行内式样式表 </title>
  </head>
  <body    style="background-color:#CCC;">
        <p style="font-family:' 宋体 ';font-size:20px;">
            利用 <strong> 内嵌样式表 </strong> 来设置页面颜色和段落字体样式
        </p>
  </body>
</html>
```

图 3-4　创建行内式样式表

【思考】

下面的代码，分别在行内式样式表、内嵌式样式表、外部样式表中为 p 元素设置了字体颜色，p 元素中文本最终显示什么颜色？

```
<!DOCTYPE html>
<html>
  <head>
    <meta charset="utf-8">
    <link rel="stylesheet" href="3.css" type='text/css'>
        p{color:green;}
  </head>
  <body>
    <p style="color:blue;"> 猜猜网页中显示的是哪个颜色？ </p>
  </body>
</html>
```

外部样式表内容 3.css：

```
p {color:red;}
```

在线练习

扫描右边的二维码进行在线练习，可以帮助初学者练习掌握 CSS 的语法及引入方法。

3.1 在线练习

3.2　CSS 选择器

要使用 CSS 对 HTML 网页元素实现多种控制，首先需要利用 CSS 选择器来对 HTML 页面中的元素进行选择，下面介绍 CSS 中相关选择器的用法。

3.2.1　基本选择器

基本选择器即简单选择器，主要根据元素的名称、id、类来选择元素，如表 3-1 所示。

表 3-1　CSS 基本选择器

选 择 器	说 明
E	选择指定类型的网页元素
E#id	选择匹配 E 的元素，且匹配元素的 id 属性值为 "id" 时，E 选择符可以省略
E.class	选择匹配 E 的元素，且匹配元素的 class 属性值为 "class" 时，E 选择符可以省略
*	选取所有元素

【案例 3.2.1】使用 CSS 基本选择器（案例代码 \unit3\3.2.1.html）

```html
<!DOCTYPE html>
<html>
  <head>
    <meta charset="utf-8">
        <title>CSS 基本选择器 </title>
    <style>
    *{text-decoration: underline;            }
            body{background-color: lightblue;      }
            h3{ color: #444;}
            p{color: #666;      }
            #teshu{font-weight: bold;}
            .jingdian{font-weight: bolder;color: red;}
        </style>
  </head>
  <body>
    <h3>   石灰吟 </h3>
    <p> 千锤万凿出深山， </p>
    <p id="teshu"> 烈火焚烧若等闲。 </p>
    <p class="jingdian"> 粉骨碎身浑不怕， </p>
    <p class="jingdian"> 要留清白在人间。 </p>
  </body>
</html>
```

案例运行结果如图 3-5 所示。

图 3-5　使用基本选择器

3.2.2　组合选择器

组合选择器是根据简单选择器之间的特定关系来选择元素的。组合选择器可以包含多个简单选择器，如表 3-2 所示。

表 3-2　CSS 组合选择器

选　择　器	说　　　明
E F	选择匹配 F 的元素，且该元素被包含在匹配 E 的元素内
E＞F	选择匹配 F 的元素，且该元素为所匹配 E 元素的子元素
E＋F	选择匹配 F 的元素，且该元素为所匹配 E 元素后面相邻的元素
E～F	选择前面有 E 元素的每个 F 元素

【案例 3.2.2】使用 CSS 组合选择器（案例代码 \unit3\3.2.2.html）

```
<!DOCTYPE html>
<html>
  <head>
    <meta charset="utf-8">
        <title>CSS 组合选择器 </title>
    <style>
            #div2 h3{color: blue;}
            #div2 p{font-weight: bold;}
            #p1+#p2{color: purple;        }
            .name~#p1{color: red;}
    </style>
  </head>
  <body>
    <div id='div1'>
    <h3>   石灰吟 </h3>
    <p class="name"> 于谦 </p>
    <p> 千锤万凿出深山，</p>
    <p id="teshu"> 烈火焚烧若等闲。</p>
    <p class="jingdian"> 粉骨碎身浑不怕，</p>
    <p class="jingdian"> 要留清白在人间。</p>
    </div>
    <div id="div2">
    <h3> 示儿 </h3>
    <p class="name"> 陆游 </p>
    <p id="p1"> 死去元知万事空，</p>
    <p id="p2"> 但悲不见九州同。</p>
    <p> 王师北定中原日，</p>
    <p> 家祭无忘告乃翁。</p>
    </div>
  </body>
</html>
```

案例运行结果如图 3-6 所示。

图 3-6　使用组合选择器

3.2.3 属性选择器

属性选择器根据元素属性或属性值的情况来选择元素，如表 3-3 所示。

表 3-3 CSS 属性选择器

选 择 器	说 明
E[foo]	选择匹配 E 的元素，且该元素定义了 foo 属性。E 选择符省略时，表示选择定义了 foo 属性的任意类型的元素
E[foo="bar"]	选择匹配 E 的元素，且该元素 foo 属性值为"bar"
E[foo~="bar"]	选择匹配 E 的元素，且该元素定义了 foo 属性，foo 属性值是一个以空格符分隔的列表，列表中的一个值为"bar"
E[foo|="en"]	选择匹配 E 的元素，且该元素定义了 foo 属性，foo 属性值是一个用连字符（-）分隔的列表，值以"en"开头

【案例 3.2.3】🚩使用 CSS 属性选择器（案例代码 \unit3\3.2.3.html）

```html
<!DOCTYPE html>
<html>
  <head>
    <meta charset="utf-8">
        <title>CSS 属性选择器 </title>
    <style>
            a[target]{ background-color: yellow;}
            a[href="http://www.baidu.com"]{ background-color: lightblue; }
            p[class~='p1']{color: red;}
            p[class|=p2]{color: gray;font-weight: bold; }
    </style>
  </head>
  <body>
        <h3> 爱国诗词欣赏 </h3>
        <p class="p1"> 想当年，金戈铁马，气吞万里如虎。</p>
        <p class="p2"> 辛弃疾 <a href="#" target="blank"> 永遇乐·京口北固亭怀古 </a>》</p>
        <p class="p1"> 壮志饥餐胡虏肉，笑谈渴饮匈奴血。</p>
        <p class="p2-p"> 岳飞《<a href="http://www.baidu.com"> 满江红 </a>》</p>
        <p class="p1"> 醉里挑灯看剑，梦回吹角连营。八百里分为麾下炙，五十弦翻赛外声。</p>
        <p class="p2-2"> 辛弃疾《<a href="#"> 破阵子 </a>》</p>
        <p class="p1"> 王师北定中原日，家祭无忘告乃翁。</p>
        <p class="p2top"> 陆游《示儿》</p>
  </body>
</html>
```

案例运行结果如图 3-7 所示。

图 3-7 使用属性选择器

【思政一刻】

在中华民族几千年绵延发展的历史长河中，爱国主义始终是激昂的主旋律。祖国是一个大家庭，当暴风雨来袭之时，祖国就是保护我们的安全港湾，我们要继承和发扬爱国主义的伟大精神，继续努力奋斗，实现中华民族的伟大复兴。

3.2.4　伪选择器

伪选择器分为伪类选择器和伪元素选择器。

伪类选择器根据元素的不同状态对元素进行选择，如表 3-4 所示。

表 3-4　CSS 伪类选择器

选　择　器	说　　明
E:link	选择匹配 E 的元素，且匹配元素被定义了超链接并未被访问
E:visited	选择匹配 E 的元素，且匹配元素被定义了超链接并已被访问
E:active	选择匹配 E 的元素，且匹配元素被激活
E:hover	选择匹配 E 的元素，且匹配元素正被鼠标经过
E:focus	选择匹配 E 的元素，且匹配元素获取了焦点
E:first-child	选择匹配 E 的元素，且该元素为父元素的第一个子元素

伪元素选择器用于选择并设置元素指定部分的样式，如表 3-5 所示。

表 3-5　CSS 伪元素选择器

选　择　器	说　　明
E::first-line	选择匹配 E 元素内的第一行文本
E::first-letter	选择匹配 E 元素内的第一个字符
E::before	在匹配 E 的元素前面插入内容
E::after	在匹配 E 的元素后面插入内容

【案例 3.2.4】使用 CSS 伪类、伪元素选择器（案例代码 \unit3\3.2.4.html）

```
<!DOCTYPE html>
<html>
  <head>
    <meta charset="utf-8">
        <title>CSS 伪类、伪元素选择器 </title>
    <style>
            /*:link,visited,:active 状态用于 a 超链接，其他元素只有 :hover 状态 */
            .p1:link{ color: black; }
            .p1:visited{color: red; }
            .p1:hover{color: blue;}
            .p1:active{color: purple; }
            /* 页面中共 2 个 h3，下面选择第一个 h3*/
            h3:first-child{ color: red;}
            .p3::first-line{ color: blue;}
```

```
            .p3::first-letter{color: red;font-weight: bold;        font-size: 18px; }
            /*p4 前加 " 作者：", 后加 " 宋朝 "*/
            .p4::before{content: " 作者："}
            .p4::after{content: " 宋朝 "; }
        </style>
    </head>
    <body>
        <h3> 伪类选择器 </h3>
        <p class="p1"> 王师北定中原日，家祭无忘告乃翁。</p>
        <p class="p2"> 陆游《示儿》</p>
            <hr>
        <h3> 伪元素选择器 </h3>
        <p class="p3"> 王师北定中原日，家祭无忘告乃翁。</p>
        <p class="p4"> 陆游《示儿》</p>
    </body>
</html>
```

案例运行结果如图 3-8 所示。

图 3-8　使用伪类、伪元素选择器

【思考】

分析下面代码，p 元素最后的样式效果如何？

```
<!DOCTYPE html>
<html>
    <head>
        <meta charset="utf-8">
        <style>
            body{font-size: 12px;}
            p{font-size: 24px;}
            .text{font-size: 36px;}
            div .text{font-size: 48px;}
            p[class='text']{font-size: 64px;color: blue; }
            .a:link{color: red;}
            .a:visited{color: green;}
        </style>
    </head>
    <body>
        <div>
            <p class="text"> 猜猜当前字体大小是多少呢？</p>
            <a href="#"> 这是个超链接 </a>
        </div>
    </body>
</html>
```

在线练习

扫描右边的二维码进行在线练习，帮助初学者练习使用 CSS 的常用选择器。

3.2 在线练习

3.3 CSS 文本样式

CSS 文本样式是针对网页中的文本内容进行的样式修饰。本节将就字体样式、文本样式的设置进行介绍。

3.3.1 设置字体样式

字体的风格、颜色、大小等细节设计对文本的整体效果都具有重要的作用，优秀的字体选择可以加强用户体验、提升网站的影响力。CSS 字体样式主要包括以下 7 个属性。

1. font-family 属性

font-family 属性用于设置元素内文字的字体。CSS 有 5 个通用字体族，即衬线字体（Serif）、无衬线字体（Sans-serif）、宽字体（Monospace）、草书字体（Cursive）、幻想字体（Fantasy），所有不同的字体名称都属于这 5 个通用字体族之一。

语法格式：font-family:" 字体 1"," 字体 2"," 字体 3",...

取值可以为一个或多个字体名称，多个字体间用逗号分隔，浏览器会从前到后依次进行查找。当字体值找不到时，使用默认字体（宋体）。

2. font-size 属性

font-size 属性用于设置元素内文字的字号。

语法格式：font-size:number|inherit| medium| large| larger| x-large| xx-large| small| smaller| x-small| xx-small

- number：数值有相对尺寸和绝对尺寸两种类型。取值为绝对尺寸时，文本大小在浏览器中固定，常用取值单位有 px、pt、pc 等；取值为相对尺寸时，文本大小相对依赖于其他元素的尺寸，常用取值单位有 em 和 %。
- inherit：从父元素继承字体尺寸。
- medium| large| larger| x-large| xx-large| small| smaller| x-small| xx-small：取值相对于父元素来说，medium（默认值）为正常，其他取值以 medium 作为基础参照。

3. color 属性

color 属性用于设置元素内文字的颜色。

语法格式：color: 颜色名 | 十六进制 |RGB

可采用颜色名、十六进制或 RGB 值来指定颜色，如表 3-6 所示。

表 3-6 color 属性值

属 性 值	说 明
颜色名	直接指定颜色的英文名称，如 color:red 表示红色
十六进制	在 # 后面指定 3 位或 6 位数值，如指定白色时 6 位表示法为 #ffffff、3 位表示法为 #fff
RGB	规则为 rgb(red, green, blue)，指定 red、green、blue 颜色的强度，强度值为 0 与 255 之间的整数，或者是百分比值（从 0% 到 100%），如 rgb(0,0,255) 或 rgb(0%,0%,100%) 表示蓝色
RGBA	规则为 rgba(red, green, blue, alpha)。alpha 参数是 0.0（完全透明）与 1.0（完全不透明）之间的数字

4. font-weight 属性

font-weight 属性用于设置元素内文字的粗细。

语法格式：font-weight:100-900|bold|bolder|lighter|normal

- normal（默认值）：设置字体的粗细值为 400。
- bold：设置字体的粗细值为 700，加粗。
- bolder：设置字体的粗细值为更粗。
- lighter：设置字体的粗细值为更细。
- 100-900：100 到 900 间的整百数字。

5. font-style 属性

font-style 属性用于设置元素内文字的样式。

语法格式：font-style:italic|normal|oblique

- normal：设置文本字体样式为正常字体。
- italic：设置字体样式为斜体。
- oblique：设置字体样式为倾斜的字体，人为地使文字倾斜，而不是去选取字体中的斜体字。

6. font-variant 属性

font-variant 属性用于设置元素内文字为小型的大写字母字体或者正常字体。

语法格式：font-variant:normal|small-cps

- normal：设置正常字体。
- small-caps：设置小型的大写字母字体。

7. font 属性

font 属性用于设置元素内文字的字体类型、大小、风格、颜色等各个属性的组合样式，是字体样式的简写形式。

语法格式：font:font-style font-variant font-weight font-size font-family

【案例 3.3.1】设置文字的样式（案例代码 \unit3\3.3.1.html）

```
<!DOCTYPE html>
<html lang="zh-CN">
  <head>
    <meta charset="utf-8" />
    <title> 文字样式 </title>
    <style>
    strong{color: gray;}
    .font1 {font-family: SimHei;font-size: 18px;}
    .font2 {font-family: SimHei;font-size: 18px;color: red;}
    .font3 {font-family: ' 微软雅黑 ';font-size: 20px;
        color: #00ff00;font-variant: small-caps}
    .font4{font-family:Simsun,arial,sans-serif;color: rgb(0,0,255) ;
        font-size: 20px; font-weight: bolder; font-style: italic;}
    .font5 {font:italic small-caps bold 18px/2 Simsun,arial,sans-serif;}
    </style>
  </head>
  <body>
```

```
<strong> 字体样式默认 </strong>
<p> 本段文字设置文字缺省样式。</p>
<hr>
<strong> 指定字体和字号：</strong>
<!-- 黑体：SimHei-->
<p class="font1"> 本段文字设置为 18px、黑体。</p>
<hr>
<strong> 指定字体、字号和颜色：</strong>
<!-- color: 颜色名 -->
<p class="font2"> 本段文字设置为红色、18px、宋体。</p>
<hr>
<strong> 指定字体、字号、小型大写字母、颜色：</strong>
<!-- 字体：微软雅黑（Microsoft YaHei color：十六进制数 -->
<p class="font3"> 本段文字设置为绿色、小型大写字母、20px、宋体。大小型大写字母对比：
AaBbCcDdEeFfGg</p>
<hr>
<strong> 指定字体、字号、粗细、斜体和颜色：</strong>
<p class="font4"> 本段文字设置为蓝色、斜体、加粗、18px、宋体。</p>
<hr>
<strong> 指定字体、小型大写字母、粗细、大小、行高和字体：</strong>
<!-- 采用简写形式设置 -->
<p class="font5"> 本段文字设置为行高为 2、斜体、小型大写字母、加粗、18px、宋体。</p>
  </body>
</html>
```

案例运行结果如图 3-9 所示。

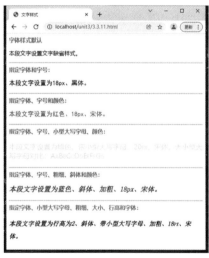

图 3-9　设置文字样式

3.3.2　设置文本缩进与对齐

为保证网页中文本的版面规范，需要设置相应的缩进、对齐等样式。

1. text-indent 属性

text-indent 属性用于设置文本的第一行的缩进。

语法格式：text-indent:length| %|inherit

- length（默认值）：设置文本固定的缩进，值为 0。
- %：设置基于父元素宽度的百分比的缩进。

2. text-align 属性

text-align 属性用于设置元素内部文本的水平对齐方式，该属性只适用于块级元素。

语法格式：text-align:lcft|right|center

- left：文本内容采用左对齐。
- right：文本内容采用右对齐。
- center：文本内容采用居中对齐。

3. vertcal-align 属性

vertcal-align 属性用于设置行级元素在行框内的垂直对齐方式。

语法格式：vertical-align : baseline |sub | super |top |text-top |middle |bottom |text-bottom |length |percentage

- baseline：把当前盒的基线与父级盒的基线对齐。如果该盒没有基线，就将底部外边距的边界和父级的基线对齐。
- sub：把当前盒的基线降低到合适的位置作为父级盒的下标（该值不影响该元素文本的字体大小）。
- super：把当前盒的基线提升到合适的位置作为父级盒的上标（该值不影响该元素文本的字体大小）。
- text-top：把当前盒的 top 和父级的内容区的 top 对齐。
- text-bottom：把当前盒的 bottom 和父级的内容区的 bottom 对齐。
- middle：把当前盒的垂直中心和父级盒的基线加上父级的 x-height/2 对齐。
- top：把当前盒的 top 与行盒的 top 对齐。
- bottom：把当前盒的 bottom 与行盒的 bottom 对齐。
- percentage：把当前盒提升（正值）或者降低（负值）percentage 距离，百分比则相对于 line-height 进行计算。当值为 0% 时等同于 baseline。
- length：把当前盒提升（正值）或者降低（负值）length 距离。当值为 0 时等同于 baseline（CSS2）。

3.3.3　设置行高与间距

1. line-height 属性

line-height 属性用于实现上下排文字间隔距离，以及单排文字在一定高度情况下垂直居中布局。

语法格式：line-height:normal | length | percentage | number

- normal（默认值）：允许内容顶开或溢出指定的容器边界，值为 1.2，取决于 font-size 值。
- length：用长度值指定行高，不允许使用负值。
- percentage：用百分比指定行高，用百分比值乘以元素可计算出字体大小，不允许使用负值。
- number：用无单位数值乘以元素的 font-size，与使用数值指定的一样。

多学一招

CSS 中 line-height 属性与 font-size、height 属性有密切关系，需要加以理解。

（1）line-height 与 font-size 的关系

行高（line-height）＝行间距（两倍行半距）＋文字大小（font-size）

● font-size=line-height 时，行间距为 0。

● font-size ＞ line-height 时，行间距为负数，不同行文字会重叠显示。

● font-size ＜ line-height 时，行间距大于 0。

（2）line-height 与 height 的关系

● 对于块级元素，line-height 指定了元素内部行框的最小高度。

● 对于行级元素，line-height 用于计算行框的高度。

● 对于部分行内块元素，如 input、button、line-height 没有效果。

2. letter-spacing 属性

letter-spacing 属性用来设置元素内部字符的间距。

语法格式：letter-spacing : normal |inherit| 数值

● normal：默认。规定字符间没有额外的间距。

● 数值：设置字符间的固定间距（允许使用负值）。

● inherit：规定应该从父元素继承 letter-spacing 属性的值。

3. word-spacing 属性

word-spacing 属性用来设置元素内部字的间距。

语法格式：word-spacing : normal |inherit|length

● normal：默认。规定字之间没有额外的空间。

● length：设置字、单词之间的固定间距（允许使用负值）。

● inherit：可参考 letter-spacing 属性的说明。

4. white-space 属性

white-space 属性用来设置是否保留文本间的空格、换行；文本超过边界时是否换行。

语法格式：white-space:normal | pre | nowrap | pre-wrap | pre-line

● normal：默认将序列的空格合并为一个，内部是否换行由换行规则决定。

● pre：保留输入时的状态，空格、换行都会保留，当文字超出边界时不换行。

● nowrap：与 normal 值一致，不同的是会强制所有文本在同一行内显示。

● pre-wrap：与 pre 值一致，不同的是文字超出边界时将自动换行。

● pre-line：与 normal 值一致，但是会保留文本输入时的换行。

文本样式设计时涉及的属性比较多，由属性值控制的变化也比较复杂。例如，如何控制文本的水平、垂直居中？先来看文本的水平居中：块级元素的水平居中用 "margin:0px auto;" 控制；行级元素的水平居中用 "text-align:center;" 控制。那么如何控制文本的垂直居中呢？一般需要用 line-height 属性代替 height 属性以进行设置，下面通过案例进行介绍，案例运行结果如图 3-10 所示。

【案例 3.3.2】设置文本垂直居中样式（案例代码 \unit3\3.3.2.html）

```html
<!DOCTYPE html>
<html>
  <head>
    <meta charset="utf-8">
    <title> 文本垂直居中样式 </title>
    <style>
        /* 单行文本垂直居中：用 line-height 代替 height */
        .div1{ width: 400px;background-color: red;line-height: 200px;}
        /* 多行文本垂直居中：把多行文本作为一个整体，即一行，问题就转换为单行文本居中，
让父元素的 height = line-height */
        .div2{ width:400px;height: 200px;background-color: red;line-height: 200px;}
        .div3{ display: inline-block;line-height: normal; vertical-align: middle; }
    </style>
  </head>
  <body>
        <div class="div1"> 单行文本垂直居中 </div>
        <br><br>
        <div class="div2">
        <div class="div3">
        多行文本垂直居中 <br>
        多行文本垂直居中 <br>
        多行文本垂直居中 <br>
        多行文本垂直居中 <br>
        </div>
        </div>
  </body>
</html>
```

灵活运用各种文本样式，添加合适的修饰，规范文本的整体显示，才能提升页面的整体效果，下面通过一个案例综合设置文本样式。案例运行结果如图 3-11 所示。

【案例 3.3.3】设置文本综合样式（案例代码 \unit3\3.3.3.html）

```html
<!DOCTYPE html>
<html>
  <head>
    <meta charset="utf-8">
    <title> 文本综合样式 </title>
  </head>
        <style>
            h1{ text-align: center;        }
            .pre{white-space:pre;}
            /* word-spacing 指的是单词间距，汉字间距用 letter-spacing */
            .capitalize {text-transform:capitalize;word-spacing:20px;}
            .test{border:1px solid #000;}
            .align_left{text-align: left; }
            .align_right{text-align: right; }
            .ins { text-indent: 30px; }
            .line{ line-height: 50px; }
            .align{line-height: 50px;text-indent: 30px;letter-spacing: 2px;}
```

```
        </style>
        <body>
            <h1 class='pre'> 议题议程 </h1>
            <div class="test">
                <p class="align"> 分论坛议题设计方面 </p>
                <p class='ins'>2021 年世界互联网大会·乌镇峰会围绕全球网络空间焦点热点共设置 20
个分论坛，在保留企业家高峰论坛、"<span> 一带一路 </span>" 互联网国际合作论坛、互联网国际高端
智库论坛和网络空间国际规则论坛等传统特色论坛基础上，还聚焦 5G、人工智能、开源生态、下一代互
联网、数据与算法等网络技术新趋势、新热点设置议题，充分回应中国国内外各方对数据治理、网络法治，
以及对互联网企业社会责任、互联网公益慈善与数字减贫、全球抗疫与国际传播等的普遍关切。</p>
                <p class="align_right">___ 专题四《携手构建网络空间命运共同体》</p>
            </div>
                <p class="line"> 从上面的新闻，你学到了什么？ <span class="capitalize">how do you do!
</span></p>
        </body>
    </html>
```

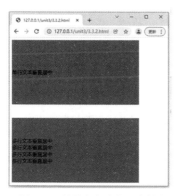
图 3-10　设置文本垂直居中样式

图 3-11　设置文本综合样式

【 思政一刻 】

　　🚩 世界互联网大会自 2014 年由中国开始举办，旨在搭建中国与世界互联互通的
国际平台和国际互联网共享共治的中国平台。举办世界互联网大会，就是让各国在争
议中求共识、在共识中谋合作、在合作中创共赢，并希望互联网巨头在这一平台上交
流思想、探索规律、凝聚共识。

3.3.4　设置文本修饰

1. text-decoration 属性

text-decoration 属性用来设置或删除文本的修饰。

语法格式：text-decoration:inherit|none|underline|overline|line-through|blink;

- inherit：继承。
- none：文字没有样式。
- underline：为文字添加下画线样式。
- overline：为文字添加上画线样式。

- line-through：为文字添加删除线样式。
- blink：为文字添加闪烁线样式。

【案例 3.3.4】设置文字修饰的样式（案例代码 \unit3\3.3.4.html）

```html
<!DOCTYPE html>
<html>
<head>
<meta charset="utf-8">
<title> 文本修饰样式 </title>
<style>
        .none{text-decoration:none;}
        .underline{text-decoration:underline;}
        .overline{text-decoration:overline;}
        .line-through{text-decoration:line-through;}
        .blink{text-decoration:blink;}
    </style>
</head>
<body>
        <p class="none"> 无装饰文字 </p>
        <p class="underline"> 带下画线文字 </p>
        <p class="overline"> 带上画线文字 </p>
        <p class="line-through"> 带贯穿线文字 </p>
        <p class="blink"> 带闪烁文字 </p>
</body>
</html>
```

案例运行结果如图 3-12 所示。

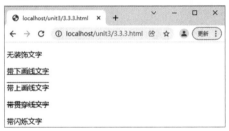

图 3-12　设置文本修饰样式

 在线练习

扫描右边的二维码进行在线练习，可以帮助初学者练习使用 CSS 文本样式。

3.3 在线练习

3.4　CSS 背景和边框样式

背景与前景连贯一体形成网页的主题，优秀的网页背景可以为整个网站奠定基调。目前网页背景主要由背景颜色、背景图片两种方式组成，本节就背景的设计进行介绍。

3.4.1　设置背景颜色

background-color 属性用来设置网页元素的背景颜色。

语法格式：background-color:color

● color：颜色值，可参看 color 属性的相关说明。

3.4.2　设置背景图片

1. background-image 属性

background-image 属性用来设置网页元素的背景图片。

语法格式：background-image:image | none

● none（默认值）：无背景图片。

● image：使用绝对 / 相对地址、渐变色切片图来确定图片，图片可以为扩展名
为 .png、.jpg 等的文件。

多学一招

绝对地址与相对地址的设置技巧

首先二者应用在不同场景下，相对地址在项目整体迁移时，原文件地址能正常使
用；绝对地址在这种情况就不能用了。其次在写法上有如下区别。

● 相对地址：相对地址是明确一个参照物（即相对于原文件目前所处的文件夹），
用一些规定的符号，来描述其他文件位置的一种表示方式。./ 表示当前文件
所在的层级。../ 表示当前文件所在层级的上一层级。../../ 表示当前文件所在
的层级上一层目录的上一层目录……

例如，网站 Web 下有 img、style 两个目录，img 中有 abc.jpg 图片，style 中有
main.css 文件，main.css 调用 abc.jpg 的相对路径写法为：../img/abc.jpg。

● 绝对地址：以 Web 站点根目录为参考基础的目录路径，/ 表示绝对地址根目录。
上例的绝对路径写法为：/img/abc.jpg。

2. background-repeat 属性

background-repeat 属性用来设置元素的背景图片的填充方式，其中提供一个参数时，
同时应用于水平方向和垂直方向；提供两个参数值时，第一个为水平方向，第二个为垂直
方向。

语法格式：background-repeat:repeat-x | repeat-y | repeat | no-repeat

● repeat-x：背景图片在水平方向上平铺。

● repeat-y：背景图片在垂直方向上平铺。

● repeat：背景图片在水平方向和垂直方向上平铺。

● no-repeat：背景图片不平铺。

3. background-attachment 属性

background-attachment 属性用来设置滚动时，背景图片相对于谁固定。

语法格式：background-attachment:fixed | scroll

● fixed：背景图片相对于视口（viewport）固定。

● scroll：背景图片相对于元素固定，也就是说当元素内容滚动时背景图片不会跟着
滚动，因为背景图片总要跟着元素本身，但会随元素的祖先元素或窗体一起滚动。

4. background-position 属性

background-position 属性用来设置背景图片在元素中出现的位置，可设置 1 ～ 4 个参数值，当设置 3 个或 4 个参数时，每个 percentage 或 length 偏移量之前都必须跟着一个边界关键字（即 left | right | top | bottom，不包括 center），以偏移量相对关键字位置进行偏移。

语法格式：

background-position:left | center | right | top | bottom | \<percentage> | \<length>

- percentage：用百分比指定背景图片在元素中出现的位置，可以为负值，可参考容器尺寸减背景图片尺寸进行换算。
- length：用长度值指定背景图片在元素中出现的位置，可以为负值。
- center：背景图片水平方向或垂直方向居中。
- left：背景图片从元素左边开始出现。
- right：背景图片从元素右边开始出现。
- top：背景图片从元素顶部开始出现。
- bottom：背景图片从元素底部开始出现。

5. background 属性

background 属性用来设置元素的所有背景样式，为简写形式，每组属性间使用逗号分隔，当样式重叠时，前面的背景图片会被后面图片的覆盖。

语法格式：background:bg-image | position| repeat-style|attachment......

- bg-image：设置背景图片，即 background-image 属性。
- position：设置背景图片在元素中的位置，即 background-position 属性。
- repeat-style：设置背景图片是否重复，即 background-repeat 属性。
- attachment：滚动时，设置背景图片对谁固定，即 background-attachment 属性。

【案例 3.4.1】设置元素的背景样式（案例代码 \unit3\3.4.1.html）

```html
<!DOCTYPE html>
<html>
  <head>
    <meta charset="utf-8">
      <style>
          strong {font-size: 16px;}
          .bgcolor{height: 100px;background-color: red;}
          .url p {height: 100px;background-image: url(img/10.jpg);
              background-repeat: no-repeat;background-position: center ;}
          .url1 p {height: 100px;background-image: url(img/10.jpg);
              background-repeat: repeat;background-position: right bottom;}
          .url2 p {height: 100px;background-image: url(img/71.jpg);
              background-repeat: repeat;background-position: top left;  }
      </style>
  </head>
  <body>
    <div class="test">
          <div class="bgcolor">
              <strong> 使用背景色填充元素背景 </strong>
              <p> 使用 background-color 填充纯色作为元素背景 </p>
```

```
            </div>
            <div class="url">
                <strong> 使用 url() 引入背景图像 </strong>
                <p> 图片路径可为绝对或相对路径，推荐相对路径，以方便网站迁移 </p>
                <p>background-position 使背景图片在当前元素中水平垂直居中 </p>
            </div>
            <div class="url1">
                <strong> 使用图片重复生成元素背景样式 </strong>
                <p> 当图片尺寸小于元素尺寸时，可根据实际情况，采用 background-repeat 属性
实现水平或垂直方向平铺，或者水平和垂直方向同时平铺；缺点在于能看出拼接的区域块，效果不理想。
可通过 background-position 结合，通过位置变换来添加效果 </p>
            </div>
            <div class="url2">
                <strong> 使用图片重复生成元素背景样式 </strong>
                <p> 当图片有一定规律时，为了提高浏览速度，可以从图片中剪裁小像素区域，
采用平铺技术，组合出元素所需的背景图片 </p>
            </div>
        </div>
    </body>
</html>
```

案例运行结果如图 3-13 所示。

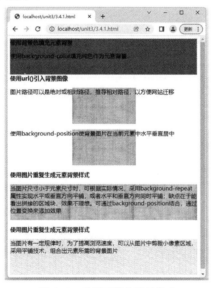

图 3-13　设置元素的背景样式

3.4.3　设置边框样式

1. border-color 属性

border-color 属性用来设置网页元素的边框线的颜色。

语法格式：border-color:color;

● color：属性值可为 1～4 个参数。1 个参数时颜色值作用于 4 个边框；2 个参数时，
第 1 个颜色值作用于上下边框，第 2 个颜色值作用于左右边框；3 个参数时，第 1
个颜色值作用于上边框，第 2 个颜色值作用于左右边框，第 3 个颜色值作用于下边

框；4 个参数时，按上、右、下、左边框线顺序填色。

2. border-width 属性

border-width 属性用来设置网页元素的边框线的尺寸。

语法格式：border-width:<length> | thin | medium | thick

- length：用数值来设置边框线的尺寸，不能使用负值。
- medium：设置默认尺寸的边框线，值为 3px。
- thin：设置比默认尺寸细的边框线，值为 1px。
- thick：设置比默认尺寸粗的边框线，值为 5px。

3. border-style 属性

border-style 属性用来设置网页元素的边框线类型。

语法格式：

border-width:none | hidden | dotted | dashed | solid | double | groove | ridge | inset | outset

- none：无轮廓。设置该值后，border-width 值计为 0。
- hidden：隐藏边框线。
- dotted：设置边框线为点状轮廓。
- dashed：设置边框线为虚线轮廓。
- solid：设置边框线为实线轮廓。
- double：设置边框线为双线轮廓。
- groove：设置边框线为 3D 凹槽轮廓。
- ridge：设置边框线为 3D 凸槽轮廓。
- inset：设置边框线为 3D 凹边轮廓。
- outset：设置边框线为 3D 凸边轮廓。

4. border 属性

border 属性用来设置网页元素的所有边框线样式。

语法格式：border:<line-width> | <line-style>| <color>

- line-width：设置元素的边框线的粗细尺寸，即 border-width 属性。
- line-style：设置元素的边框线样式，即 border-style 属性。
- color：设置元素的边框线颜色，即 border-color 属性。

【案例 3.4.2】设置元素的边框样式（案例代码 \unit3\3.4.2.html）

```
<!DOCTYPE html>
<html>
  <head>
    <meta charset="utf-8">
    <style>
            .none{border:0 none;background:#eee;}
            .hidden{border-width:5px ;border-style: hidden;border-color: red black;
                background:#eee;}
            .dotted{border-width:5px ;border-style: dotted;
                border-color: black    redblue;background:#eee;}
            .dashed{border-width:5px ; border-style:dashed;
                border-color: red black green yellow ;background:#eee;}
```

```
            .solid{border:10px solid #000;background:#eee;}
            .double{border:medium double #000;background:#eee;}
            .groove{border:thin groove #000;background:#eee;}
            .ridge{border:thick ridge #000;background:#eee;}
            .inset{border:8px inset #000;background:#eee;}
            .outset{border:10px outset red;background:#eee;  }
        </style>
    </head>
    <body>
            <p class="none">none</p>
            <p class="hidden">hidden</p>
            <p class="dotted">dotted</p>
            <p class="dashed">dashed</p>
            <p class="solid">solid</p>
            <p class="double">double</p>
            <p class="groove">groove</p>
            <p class="ridge">ridge</p>
            <p class="inset">inset</p>
            <p class="outset">outset</p>
    </body>
</html>
```

案例运行结果如图 3-14 所示。

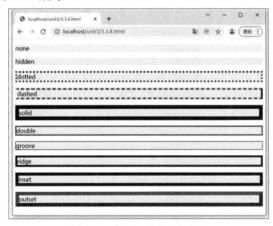

图 3-14　设置元素的边框样式

 在线练习

　　扫描右边的二维码进行在线练习，可以帮助初学者练习使用 CSS 背景和边框样式。

3.4 在线练习

3.5　CSS 盒子模型

3.5.1　盒子模型

　　所谓盒子模型，是 1996 年 W3C 推出 CSS 时提出的 Box Model（盒子模型 / 框模型）的中文名称。盒子模型规定：网页中的所有元素都可看作被放在一个方框里，网页设计师可以通过 CSS 来控制该方框的显示属性。盒子模型是 CSS 布局的基础，它规定了网页元素如何显示及元素间的边界关系。在盒子模型中，按从外向内顺序共划分为外边距、边、内边距、内容区域共 4 层结构，将盒子模型用框图的方法画出来，如图 3-15 所示。

图 3-15　盒子模型示意图

想要理解图 3-15，必须把握 3 个要点。

● CSS 中一切元素皆为方框。

● 每个 HTML 元素有 5 个区域：外边距、边、内边距、内容区域、元素区域。

● 每个 HTML 元素通过 5 个属性（width、height、margin、border、padding）来描述元素各区域。

目前，盒子模型有标准盒子模型（W3C 组织）、IE 盒子模型两种，采用标准盒子模型的浏览器居多。下面介绍两种盒子模型的区别。

● 标准盒子模型：width/height 属性 = content（内容区域）宽 / 高。

总宽 / 高 = content 宽 / 高 + padding 宽 / 高 +border 宽 / 高。

● IE 盒子模型：width/height 属性 = 总宽 / 高 = content 宽 / 高 + padding 宽 / 高 +border 宽 / 高

3.5.2　设置显示模式

HTML 元素的类型决定了其 CSS 显示模式，HTML 元素按显示模式分为块级元素、行级元素及行内块元素等。

1. 块级元素

● 块级元素总在新行上开始，占据一整行，其宽度自动填满其父元素宽度，内容垂直向下排列。

● 块级元素可以设置宽、高，并且宽度、高度及外边距、内边距都可随意控制。

● 块级元素内可以包含其他块级元素或行级元素。

● 典型块级元素有 h1 ～ h6、div、p、ul、li 等。通常使用块级元素来进行页面的总体布局。

2. 行级元素

● 行级元素和其他行级元素无间隔地排列在一行。

● 行级元素不可以设置宽、高，宽度和高度由元素内容决定，但可以设置行高（line-height）。设置外边距（margin）时，上下无效、左右有效。内边距（padding）可以随意设置。

● 行级元素不能包含块级元素，只能容纳文本或者其他行级元素。

- 典型元素有 span、a 等。

3. 行内块元素

- 多个行内块元素排列在一行，元素间有间隔，在浏览器中按照从左到右一个接一个地排列。
- 行内块元素默认宽度是元素的宽度，宽、高、内外边距属性都可以设置。
- 行内块元素内可以包含其他块元素或行级元素。
- 典型元素有 img、input 等。

4. display 属性

display 属性用于设置元素显示模式的类型。

语法格式：display:none | inline | block | inline-block

- none：隐藏元素，即不显示元素。
- inline：设置元素为行级元素。
- block：设置元素为块级元素。
- inline-block：设置元素为行内块元素。

3.5.3　设置内边距与外边距

1. padding 属性

元素的边框与元素的内容区之间的间距称为元素的内边距（padding），有上（padding-top）、右（padding-right）、下（padding-bottom）、左（padding-left）四个方向的内边距属性，可以分别设置它们的属性值，也可以通过 padding 属性统一设置元素各方向上的内边距。

语法格式：padding:[length | percentage]

- length：用长度值来定义内边距的值，不允许使用负值。
- percentage：用百分比来定义内边距的值。

内边距的设置规则介绍如下：

- 如果只有 1 个参数，则表示上、右、下、左四个方向内边距的值都相同；
- 如果有 2 个参数，则第一个参数表示上、下内边距，第二个参数表示左、右内边距；
- 如果有 3 个参数，则分别表示上、左、右和下内边距；
- 如果有 4 个参数，则依次表示上、右、下、左方向上的内边距。

【案例 3.5.1】设置元素的外边距样式（案例代码 \unit3\3.5.1.html）

```
<!DOCTYPE html>
<html>
  <head>
    <meta charset="utf-8">
    <style>
    .outer1,.outer2,.outer3,.outer4 {
                    width:340px; height:100px;color:#222;
                    border: 2px solid #666; background-color: #eee; }
    .outer2{padding: 20px; }
    .outer3{ /* 简写形式: padding: 10px 10px10px10px */ padding-top: 10px; }
    .outer4{/* 简写形式: padding: auto 10px; */padding-left: 10px;padding-right: 10px;}
    .inner { width:300px; height:70px;background-color:green;}
    strong{color:black;    }
```

```
    </style>
    </head>
      <body>
          <div class="outer1">
          <div class="inner">
              <strong> 默认值为 auto</strong><br>
              padding 可填充属性值 1~4 个，填充顺序为上右下左，其中 3 个值不常用。</div>
          </div><br>
          <div class="outer4">
              <div class="inner">
                <strong>padding-top: 10px;</strong>，<br>
                上填充值 auto，<br> 下右左填充为 10px。
              </div>
          </div><br>
          <div class="outer3">
              <div class="inner">
                <strong>padding-left: 10px;    padding-right: 10px;</strong><br>
                上下填充为 auto，<br> 左右填充为 10px。
              </div>
          </div><br>
          <div class="outer2">
              <div class="inner">
                <strong>padding: 20px ;</strong><br>
                四个方向填充均为 20px。
              </div>
          </div>
      </body>
    </html>
```

案例运行结果如图 3-16 所示。

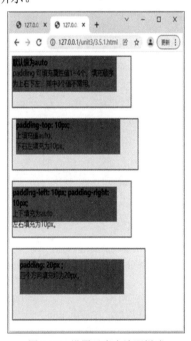

图 3-16　设置元素内边距样式

2. margin 属性

元素周围的留白区称为外边距（margin），外边距从视觉上将元素相互隔开，有上（margin-top）、右（margin-right）、下（margin-bottom）、左（margin-left）四个方向的外边距属性，可以分别设置它们的属性值，也可以通过 margin 属性统一设置元素各方向上的外边距。

语法格式：margin:[auto| length | percentage]

● auto：默认外边距值。

● length：用长度值来定义外边距，可以使用负值。

● percentage：用百分比来定义外边距。

外边距的设置规则介绍如下：

● 如果只有 1 个参数，则表示上、右、下、左四个方向外边距的值都相同；

● 如果有 2 个参数，则第一个参数表示上、下外边距，第二个参数表示左、右外边距；

● 如果有 3 个参数，则分别表示上、左、右和下外边距；

● 如果有 4 个参数，依次表示上、右、下、左方向上的外边距。

多学一招

margin 与 padding 的区别

margin 用于元素与元素之间的隔离；padding 用于元素内部边框（border）与内容区域（content）的隔离。

何时用 margin？

● 需要在 border 外侧添加空白时。

● 空白处不需要背景（色）时。

● 上下相邻的两个元素之间的空白需要合并时。如下边元素设置为 "margin-bottom:10px;"，上边元素设置为 "margin-top:4px;"，两个元素之间的空白将取大值，即 10px。

何时用 padding？

● 需要在 border 内侧添加空白时。

● 空白处需要背景（色）时。

● 希望上下相邻的两个元素间的空白等于两者之和时。如下边元素设置为 "padding-bottom:10px;"，上边元素设置为 "padding-top:4px;"，两个元素之间的空白将是二者之和，即 14px。

【案例 3.5.2】设置元素的外边距样式（案例代码 \unit3\3.5.2.html）

```
<!DOCTYPE html>
<html>
  <head>
    <meta charset="utf-8">
      <style>
      .outer { width:360px; height:120px; color:#222;
                    border: 2px solid #666; background-color: #eee; }
      .inner2{margin: 20px; }
      .inner3{ margin-top: 10px; /* 简写形式：margin: 10px auto auto auto */    }
```

```
        .inner4{margin-left: 10px;   margin-right: 10px;/* 简写形式: margin: auto 10px; */}
        .inner1,.inner2,.inner3,.inner4 { width:320px; height:80px;
                        background-color:green;   }
        strong{color:black; }
        </style>
        </head>
    <body>
        <div class="outer">
        <div class="inner1">
            <strong> 默认值为 auto</strong><br>
            margin 可设置属性值 1~4 个，填充顺序为上右下左，其中 3 个值不常用。</div>
        </div><br>
        <div class="outer">
        <div class="inner3">
            <strong>margin-top: 10px;</strong>，<br>
            上边距值 auto，<br> 下右左边距值为 10px。
          </div>
        </div><br>
        <div class="outer">
        <div class="inner4">
            <strong>margin-left: 10px;   margin-right: 10px;</strong><br>
            上下边距为 auto，<br> 左右边距为 10px。
          </div>
        </div><br>
        <div class="outer">
        <div class="inner2">
            <strong>margin: 20px ;</strong><br>
            四个方向边距均为 20px。
          </div>
        </div>
    </body>
</html>
```

案例运行结果如图 3-17 所示。

图 3-17 设置元素的外边距样式

3.5.4　外边距合并

在 CSS 中，相邻两个元素的外边距可以合并成一个单独的外边距，称为外边距合并或折叠。发生外边距合并的元素之间一般存在兄弟关系、父子关系或者自身关系。下面分别进行介绍。

1. 兄弟关系外边距合并

当两个元素在垂直方向上相邻时，上边元素的下外边距与下边元素的上外边距会自动发生合并，合并生成的外边距为两个边距中大的值，如图 3-18 所示。

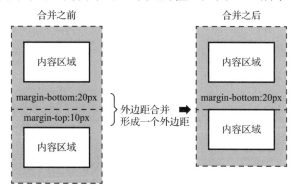

图 3-18　兄弟关系元素外边距合并效果

【案例 3.5.3】兄弟关系元素的外边距合并（案例代码 \unit3\3.5.3.html）

```
<!DOCTYPE html>
<html>
  <head>
    <meta charset="utf-8">
    <style>
        body,div{margin: 0px;padding: 0px;}
        .parent{width: 400px;height: 300px;
                    background-color: lightgray;margin-left: 100px;}
        .child1{width: 300px;height: 100px;background-color: red;
                    margin-bottom: 10px;/* child1 设置下外边距为 10px */ }
        .child2{width: 300px;height: 100px;background-color: green;
                    margin-top: 20px;/* child2 设置上外边距为 20px，垂直方向外边合并后，新
外边距为值大者 20px*/}
    </style>
  </head>
  <body>
        <div class="parent">
            <div class="child1"> 兄弟元素 -- 上边元素 child1</div>
                <div class="child2"> 兄弟元素 -- 下边元素 child2</div>
        </div>
  </body>
</html>
```

案例运行结果如图 3-19 所示。

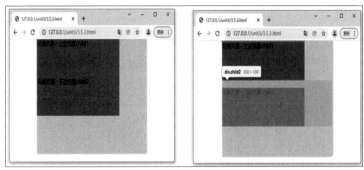

图 3-19　兄弟关系元素的外边距合并（左图为合并前，右图为合并后）

2. 父子关系外边距合并

当父元素包含子元素时，父子元素在垂直方向上的上边距或下外边距也会发生合并，如图 3-20 所示。

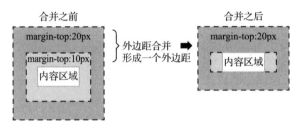

图 3-20　父子包含关系元素外边距合并效果

【案例 3.5.4】父子关系元素的外边距合并（案例代码 \unit3\3.5.4.html）

```
<!DOCTYPE html>
<html>
  <head>
    <meta charset="utf-8">
      <style>
        body,div{    margin: 0px;padding: 0px;}
        .parent{width: 400px;height: 300px;background-color: lightgray;
            margin-top: 10px;/* 父元素设置上外边距为 10px */
            margin-left: 100px;}
        .child1{width: 300px;height: 100px;background-color: red;
            margin-top: 20px;/* child1 设置上外边距为 20px，垂直方向外边合并后，
新外边距为值大者 20px*/}
      </style>
  </head>
  <body>
        <div class="parent">
          <div class="child1"> 父子关系元素 -- 上边元素 child1</div>
        </div>
  </body>
</html>
```

案例运行结果如图 3-21 所示。

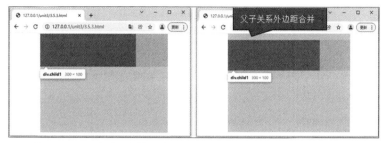

图 3-21   父子关系元素的外边距合并（左图为合并前，右图为合并后）

3. 自身关系外边距合并

假设有一个空元素，它有外边距，但是没有边框或填充。在这种情况下，上外边距与下外边距就碰到了一起，它们会发生合并，如图 3-22 所示。读者可自行设计案例验证。

图 3-22   空元素自己垂直方向外边距合并效果

在线练习

扫描右边的二维码进行在线练习，可以帮助初学者掌握 CSS 盒子模型相关属性。

3.5 在线练习

3.6 CSS 设置超链接和列表样式

超链接存在多种类型，如文本超链接、图片超链接、按钮超链接等，全面掌握并灵活运用超链接的样式设置，可使网页呈现丰富多彩的视觉效果。

3.6.1 超链接伪类

前面已介绍过，所谓伪类选择器是指同一个元素，根据其不同的状态设置不同的样式。在使用过程中，伪类选择器又可分为静态伪类和动态伪类，它们之间的差别是什么呢？

静态伪类：只适用于超链接的伪类，主要状态描述如下。

● :link 单击超链接之前的样式。

● :visited 超链接被访问过之后的样式。

动态伪类：针对所有元素都适用的伪类，主要状态描述如下。

● :hover 鼠标指针放到元素上时的样式，即悬停状态。

● :active 鼠标单击元素，但是不松手时的样式，即激活状态。

● :focus 某个元素获得焦点时的样式，即获得焦点。

3.6.2 设置超链接样式

超链接除可以使用一般 CSS 属性（如 color、font-family、background 等）进行外观设置外，还可以利用超链接伪类来设置更为丰富的样式效果。需要注意的是，由于 CSS 优先级问题，超链接伪类样式的设置要按 :link、:visited、:hover、:active 的顺序进行，否则，可能会出现某些伪类效果被覆盖。同时，由于兼容性问题，:active 伪类在实际应用中一般无须设置。

1. text-decoration 属性

text-decoration 属性用于设置超链接中的下画线，有关该属性的说明见 3.3 节中相关内容。

2. 超链接属性

超链接及其伪类选择器，如表 3-7 所示。

表 3-7　超链接及其伪类选择器

选 择 器	说 明
a	定义的样式针对所有的超链接（包括锚点）
a:link	选择未被访问过的 a 元素，且 a 元素必须包含 href 属性
a:visited	选择已经被访问过的 a 元素
a:hover	当鼠标悬停在 a 元素上的时候
a:active	当鼠标单击 a 元素，但不松手的时候

下面通过案例来说明超链接基础样式的设置。

【案例 3.6.1】设置超链接基础样式（案例代码 \unit3\3.6.1.html）

```
<!DOCTYPE html>
<html>
  <head>
    <meta charset="utf-8">
    <style>
            div{width: 500px;height: 200px;background-color: lightblue;line-height: 40px;}
            a:link {color:#000;font-size: 18px; /* a:link 超链接未访问状态 */}
            a:visited { font-size: 18px;}   /* a: visited 超链接已访问状态 */
            a:hover {font-size: 18px;}    /* a:hover  用户将鼠标悬停在链接上时的状态 */
            a:active { font-size: 18px;}   /* a:active - 超链接被单击时 */
            /* 超链接文本修饰 */
            .a1:link {text-decoration: none;/* :link 状态无下画线效果 */
                color:red;font-size: 18px;}
            .a1:visited { text-decoration: none;/* :visited 状态无下画线效果 */
                color:green;font-size: 18px;}
            .a1:hover { text-decoration: underline;/* :hover 状态有下画线效果 */
                color:blue;font-size: 18px;}
            .a1:active { text-decoration: underline;     /*  :active 状态无下画线效果 */
                color:gray;font-size: 18px;}
            .a2:link { text-decoration: none; /* :link 状态无下画线效果 */
                color:red;font-size: 18px;}
            .a2:visited { text-decoration: none; /* :visited 状态无下画线效果 */
        color:green;font-size: 18px;}
            .a2:hover { text-decoration: underline;/* :hover 状态无下画线效果，字体变大 */
                color:blue;font-size: 30px;}
            .a2:active { text-decoration: underline; /* :active 状态无下画线效果 */
                color:gray;font-size: 18px;}
    </style>
  </head>
```

```
<body>
  <div>
          <h1>CSS 超链接样式 </h1>
          默认样式:  <a href="#" > 超链接 </a><br>
              文本修饰 :  <a href="#" class="a1"> 超链接 </a><br>
              多种样式 :  <a href="#" class="a2"> 超链接 </a><br>
          </div>
              <p> 注意：在 CSS 中，a:hover 必须位于 a:link 和 a:visited 之后才能生效。</p>
              <p> 注意：在 CSS 中，a:active 必须位于 a:hover 之后才能生效。</p>
  </body>
</html>
```

案例运行结果如图 3-23 所示。

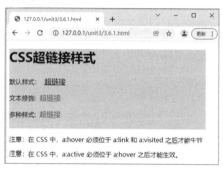

图 3-23　设置超链接基础样式

3. background-color 属性

background-color 属性用于指定链接的背景色，关于该属性值说明见 3.4 节相关内容。通过超链接可以模拟文本按钮、图片按钮的功能，下面通过案例来说明。

【案例 3.6.2】设置超链接背景色和背景图片的样式（案例代码 \unit3\3.6.2.html）

```
<!DOCTYPE html>
<html>
  <head>
    <meta charset="utf-8">
    <style>
        div{width: 500px;height: 200px;background-color: lightblue;line-height: 40px;}
              /* 超链接背景色变换 */
              .a3:link, .a3:visited { background-color: yellow;border: 2px solid green;
                    display: inline-block; color:black; padding: 5px ;
                    text-align: center; text-decoration: none; }
          .a3:hover, .a3:active { background-color: red;border: 2px solid blue;  }
              /* 超链接背景图片变换 */
              .a4:link, .a4:visited { background-image: url(img/baobei.jpg);
                    background-repeat: none; width:99px; height:35px; color: white;
                    display: inline-block;text-align: center; text-decoration: none; }
          .a4:hover, .a4:active {background-color: red;
                    background-image: url(img/erji1.jpg);background-repeat: none;}
        </style>
  </head>
  <body>
```

```
        <div>
            <h1>CSS 超链接样式 </h1>
            变背景色按钮 :  <a href="#" class="a3"> 超链接 </a><br><br>
            变背景图按钮 :  <a href="#" class="a4"></a><br>
        </div>
        <p> 注意：在 CSS 中 a:hover 必须位 a:link 和 a:visited 之后才能生效。</p>
        <p> 注意：在 CSS 中，a:active 必须位于 a:hover 之后才能生效。</p>
    </body>
</html>
```

案例运行结果如图 3-24 所示。

图 3-24　设置超链接背景色和背景图片样式

3.6.3　设置鼠标样式

将超链接的 4 种伪类样式与鼠标样式相结合，可以设置出更加吸引人的视觉效果。

1. cursor 属性

cursor 属性用于设置在当前元素上移动鼠标时所要显示的鼠标指针形状。

语法格式：cursor:[<url> [<x><y>]?,]*[auto | default | none | context-menu | help | pointer | progress | wait | cell | crosshair | text | vertical-text | alias | copy | move | no-drop | not-allowed | e-resize | n-resize | ne-resize | nw-resize | s-resize | se-resize | sw-resize | w-resize | ew-resize | ns-resize | nesw-resize | nwse-resize | col-resize | row-resize | all-scroll | zoom-in | zoom-out | grab | grabbing]

cursor 属性所包含的参数比较多，部分说明如表 3-8 所示。其中，常用的仅有默认正常鼠标指针（cursor:default）、文本选择效果（cursor:hand/cursor:text）、移动选择效果（cursor:move）、链接选择效果（cursor:pointer）、图片［cursor:url(url 图片地址)］等几类。

表 3-8　鼠标属性值说明

属 性 值	说 明
url	需使用的自定义光标的 URL
default	默认光标（通常是一个箭头）
auto	默认。浏览器设置的光标
crosshair	光标呈现为十字线
pointer	光标呈现为指示链接的指针（一只手）
move	此光标指示某对象可被移动

属　性　值	说　　　明
e-resize	此光标指示矩形框的边缘可被向右（东）移动
ne-resize	此光标指示矩形框的边缘可被向上及向右移动（北／东）
nw-resize	此光标指示矩形框的边缘可被向上及向左移动（北／西）
n-resize	此光标指示矩形框的边缘可被向上（北）移动
se-resize	此光标指示矩形框的边缘可被向下及向右移动（南／东）
sw-resize	此光标指示矩形框的边缘可被向下及向左移动（南／西）
s-resize	此光标指示矩形框的边缘可被向下移动（南）
w-resize	此光标指示矩形框的边缘可被向左移动（西）
text	此光标指示文本
wait	此光标指示程序正忙
help	此光标指示可用的帮助

本节主要关注的是鼠标样式在超链接效果中的使用，下面通过具体案例来进行讲解。

【案例 3.6.3】设置鼠标的样式展示（案例代码 \unit3\3.6.3.html）

```
<!DOCTYPE html>
<html>
  <head>
    <meta charset="utf-8">
    <style>
            *{margin: 0px;padding: 0px;}
            a{display: inline-block;width: 100px;height: 40px;
               background-color: lightblue;}
            p{color: red;}
    </style>
  </head>
  <body>
        <h1> 鼠标的 CSS 样式变化 </h1>
        <p> 请把鼠标移动到蓝色按钮上，以查看指针效果：</p>
            链接选择 (cursor:pointer):<a href="#" style="cursor:pointer"></a><br>
            自动选择 (cursor:auto):<a href="#" style="cursor:auto"></a>
            默认选择 (cursor:default):<a href="#" style="cursor:default"></a>
            精确选择 (cursor:crosshair):<a href="#" style="cursor:crosshair"></a>
            水平东移选择 (cursor:e-resize):<a href="#" style="cursor:e-resize"></a>
            帮助 h(cursor:help):<a href="#" style="cursor:help"></a><br>
            移动 (cursor:move):<a href="#" style="cursor:move"></a>
            垂直上移选择 (cursor:n-resize):<a href="#" style="cursor:n-resize"></a>
            东北方向选择 (cursor:ne-resize):<a href="#" style="cursor:ne-resize"></a>
            西北方向选择 (cursor:nw-resize):<a href="#" style="cursor:nw-resize"></a>
            垂直下移选择 (cursor:s-resize):<a href="#" style="cursor:s-resize"></a><br>
            东南方向选择 (cursor:se-resize):<a href="#" style="cursor:se-resize"></a>
            西南方向选择 (cursor:sw-resize):<a href="#" style="cursor:sw-resize"></a>
            文本选择 (cursor:text):<a href="#" style="cursor:text"></a>
            水平西移选择 (cursor:w-resize):<a href="#" style="cursor:w-resize"></a>
            忙 (cursor:wait):<a href="#" style="cursor:wait"></a><br>
  </body>
</html>
```

案例运行结果如图 3-25 所示。

图 3-25　设置鼠标的样式展示

3.6.4　设置列表样式

列表主要用于对大量信息的分类，如页面中的"新闻列表"等。重要的列表模块一般放在页面的左侧、上侧部分。列表相关 CSS 属性如表 3-9 所示。

表 3-9　列表相关 CSS 属性

属　　性	说　　明
list-style-type	规定列表项标记的类型
list-style-position	规定列表项标记（项目符号）的位置
list-style-image	指定图片作为列表项标记
list-style	简写属性。在一条声明中设置列表的所有属性

下面对上述属性一一进行详细介绍。

1. list-style-type 属性

list-style-type 属性用于设置页面中列表项所使用的预设标记。

语法格式：list-style-type:disc | circle | square | decimal | lower-roman | upper-roman | lower-alpha | upper-alpha | none | armenian | cjk-ideographic | georgian | lower-greek | hebrew | hiragana | hiragana-iroha | katakana | katakana-iroha | lower-latin | upper-latin

- disc：实心圆（CSS1）。
- circle：空心圆（CSS1）。
- square：实心方块（CSS1）。
- decimal：阿拉伯数字（CSS1）。
- lower-roman：小写罗马数字（CSS1）。
- upper-roman：大写罗马数字（CSS1）。
- lower-alpha：小写英文字母（CSS1）。
- upper-alpha：大写英文字母（CSS1）。

- none：不使用项目符号（CSS1）。
- armenian：传统的亚美尼亚数字（CSS2）。
- cjk-ideographic：浅白的表意数字（CSS2）。
- georgian：传统的乔治数字（CSS2）。
- lower-greek：基本的希腊小写字母（CSS2）。
- hebrew：传统的希伯来数字（CSS2）。
- hiragana：日文平假名字符（CSS2）。
- hiragana-iroha：日文平假名序号（CSS2）。
- katakana：日文片假名字符（CSS2）。
- katakana-iroha：日文片假名序号（CSS2）。
- lower-latin：小写拉丁字母（CSS2）。
- upper-latin：大写拉丁字母（CSS2）。

2. list-style-position 属性

list-style-position 属性用于设置列表项标记的位置。

语法格式：list-style-position:outside | inside

- outside：列表项标记放置在文本以外，且环绕文本不根据标记对齐。
- inside：列表项标记放置在文本以内，且环绕文本根据标记对齐。

3. list-style-image 属性

list-style-image 属性用于自行设置作为列表项标记的小图片。

语法格式：list-style-image:none | url

- none：不指定图像，默认内容标记将被 <'list-style-type '> 代替。
- url：使用绝对地址或相对地址指定列表项标记图像。如果图像地址无效，则默认内容标记将被 <' list-style-type '> 代替。

4. list-style 属性

list-style 属性用于设置列表项目相关内容，为以上 3 个属性的复合形式。

语法格式：list-style: list-style-type　 | list-style-position　 | list-style-image

【案例 3.6.4】设置列表的样式展示（案例代码 \unit3\3.6.4.html）

```
<!DOCTYPE html>
<html>
  <head>
    <meta charset="utf-8">
    <style>
        *{margin: 0px;padding: 0px; }
            #nav1 a:link {text-decoration: none;color: #F00;}
            #nav1 a:visited {text-decoration: none;  color: #F00;}
            #nav1 a:hover {color: #00F;   text-decoration: underline;}
            #nav {background-color: #CF6;width: 900px;height:35px;
                border: 1px solid #333;font-size: 15px;line-height: 35px;
                font-weight: bold;margin-left: auto;margin-right: auto;}
            #navul {list-style-type: none;  }
            #nav ul li {text-align: center; float: left;height: 35px;width: 110px;}
            #nav ul li a {display: inline-block;width:100%;}
```

```
#nav ul li a:link {text-decoration: none; color: #000;}
#nav ul li a:hover {color: #FFF;background-color: #06C;  }
#nav2 {width: 900px;height: 33px;margin-left: auto; margin-right: auto;}
#nav2 ul {list-style-type: none;}
#nav2 ul li {text-align: center;float: left;height: 35px; width: 105px; }
#nav2 img {border: 0;}
#nav3{width: 300px;  height: 200px;font-size: 14px;
        border: 1px solid #ddd;margin-left: 50px;}
#nav3-1{width: 300px;height: 40px;background-color:#eee;
            line-height: 40px; color: #000;margin-bottom: 10px;}
#nav3 ul{list-style-type: none;}
#nav3 ulli{width: 240px;height: 25px; margin: 0 auto;
            list-style-image: url(img/new1.gif);list-style-position: outside; }
#nav3 ul li a {  display: inline-block; width:100%;  }
#nav3 ul li a:link {text-decoration: none;color: #000;}
#nav3 ul li a:hover {color: #FFF;background-color: #06C;}
    </style>
</head>
<body>
        <!-- 面包屑导航 -->
        <div id="nav1">
            当前位置: <a href="#"> 首页 </a>-&gt;<a href="#"> 国内景点 </a>-&gt; 长白山
            </div><br>
        <!-- 横向文本主导航 -->
            <div id="nav">
            <ul>
            <li><a href="#"> 首页 </a></li>
            <li><a href="#"> 国内景点 </a></li>
            <li><a href="#"> 热门景点 </a></li>
            <li><a href="#"> 服务信息 </a></li>
            <li><a href="#"> 联系我们 </a></li>
            </ul>
            </div><br>
        <!-- 横向图片主导航 -->
            <div id="nav2">
            <ul>
            <li><a href="#"><img src="img/01.jpg" /></a></li>
            <li><a href="#"><img src="img/02.jpg" /></a></li>
            <li><a href="#"><img src="img/03.jpg" /></a></li>
            <li><a href="#"><img src="img/04.jpg" /></a></li>
            <li><a href="#"><img src="img/05.jpg" /></a></li>
            <li><a href="#"><img src="img/06.jpg" /></a></li>
            <li><a href="#"><img src="img/07.jpg" /></a></li>
            </ul>
            </div><br>
        <!-- 新闻模块：自定义列表项标记 -->
            <div id="nav3">
                <div id="nav3-1">
                    <h3> <img src="img/se_row.png" height="14" width="14" alt=""> 专 题 专 栏 </h3>
                </div>
```

```
                    <div id="nav3-2">
                        <ul>
            <li><a href="#"> 坚决打赢疫情防控阻击战 </a></li>
            <li><a href="#"> 在高质量发展中扎实推动共同富裕 </a></li>
            <li><a href="#"> 中央生态环境保护督察在吉林 </a></li>
            <li><a href="#"> 永远跟党走 </a></li>
            <li><a href="#">2021 年 " 六·五世界环境日 " 专题 </a></li>
                    </ul>
                </div>
            </div>
        </body>
</html>
```

案例运行结果如图 3-26 所示。

图 3-26　设置列表的样式展示

 在线练习

扫描右边的二维码进行在线练习，可以帮助初学者练习使用 CSS 超链接样式和列表样式。

3.6 在线练习

3.7　CSS 设置表格和表单样式

3.7.1　设置表格样式

表格早期多用于页面布局，现在多用于较详细信息展示，如时间表、日程表等。功能各不相同的表格，其样式设计也应该各有特色。表格相关 CSS 属性说明如表 3-10 所示。

表 3-10　表格相关 CSS 属性说明

属　　性	说　　明
border	简写属性。在一条声明中设置所有边框属性
border-collapse	设置表格行或单元格边是否被合并或独立
border-spacing	规定相邻单元格之间的边框的距离
caption-side	规定表格标题的位置
empty-cells	规定是否在表格中的空白单元格上显示边框和背景

1. border-collapse 属性

border-collapse 属性用于设置表格行或单元格边是否被合并或独立。

语法格式：border-collapse:separate | collapse

- separate：边框独立。
- collapse：相邻边被合并。

2. border-spacing 属性

border-spacing 属性用于设置表格边框独立时，行和单元格的边框在横向和纵向上的间距。

语法格式：border-spacing:length{1,2}

- length：用长度值来定义行和单元格的边框在横向和纵向上的间距，不允许使用负值。

3. caption-side 属性

caption-side 属性用于设置表格标题所在位置。

语法格式：caption-side:top | bottom

- top：caption 标题在表格上边。
- bottom：caption 标题在表格下边。

4. empty-cells 属性

empty-cells 属性用于设置当表格的单元格无内容时，是否显示该单元格的边框。

语法格式：empty-cells:hide | show

- hide：指定当表格的单元格无内容时，隐藏该单元格的边框。
- show：指定当表格的单元格无内容时，显示该单元格的边框。

5. border 属性

border 属性用来综合设置表格的边框样式。该属性介绍详见 3.4.3 小节。

【案例 3.7.1】设置表格的样式（案例代码 \unit3\3.7.1.html）

```html
<!DOCTYPE html>
<html>
  <head>
    <meta charset="utf-8">
    <style>
            *{margin: 0px;padding: 0px;}
            .div1 table, .div1 th, .div1 td { border: 1px solid black;        }
            .div2 table, .div2 th, .div2 td {
                border: 1px solid black;    border-collapse: collapse;}
            .div2 table{width: 300px;/* width 值可以为数值或百分比 */
                text-align: center;/*   <th> 或 <td> 中内容的水平对齐方式（左、右或居中）。默认
<th> 内容居中，<td> 内容左对齐。 */}
                .div3 table {border: 1px solid black; width: 50%; text-align: center;
                vertical-align: center; /*   <th> 或 <td> 中内容的垂直对齐方式（上、下或居中）。
默认内容的垂直对齐是居中（<th> 和 <td> 元素都是）。 */
                border-collapse: collapse;}
            .div4 th, .div4 td {width: 100px; border-bottom: 1px solid #ddd;}
            .div5 table {border-collapse: collapse; width: 60%;}
            .div5 th, .div5 td { text-align: left;    padding: 8px;}
            .div5 tr:nth-child(even){/* 奇数行背景色为 #f2f2f2 */
```

```
                    background-color: #f2f2f2;}
            .div5 th { background-color: #4CAF50; color: white;}
            .div5 tr:hover{ background-color: red;/* 行的鼠标悬念状态为红色 */}
        </style>
    </head>
            <body>
                <h1>CSS 表格样式 </h1>
                <div class='div1'>
                    <table border="1">
                        <caption> 表格默认样式 </caption>
                        <tr><th> 姓名 </th><th> 年龄 </th><th> 成绩 </th></tr>
                        <tr><td> 第 1 行第 1 列 </td><td> 第 1 行第 2 列 </td><td> 第 1 行第 3
列 </td></tr>

                        <tr><td> 第 2 行第 1 列 </td><td> 第 2 行第 2 列 </td><td> 第 2 行第 3 列
</td></tr>

                    </table>
                </div><br>
                <div class='div2'>
                    <table >
                        <caption> 表格单边框样式 </caption>
                        <tr><th> 姓名 </th><th> 年龄 </th><th> 成绩 </th></tr>
                        <tr><td> 张三 </td><td>18</td><td>123</td></tr>
                    <tr><td> 李四 </td><td>19</td><td>145</td></tr>
                    </table>
                </div><br>
                <div class='div3'>
                    <table >
                        <caption> 单元格无边框样式 </caption>
                        <tr><th> 姓名 </th><th> 年龄 </th><th> 成绩 </th></tr>
                        <tr><td> 张三 </td><td>18</td><td>123</td></tr>
                    <tr><td> 李四 </td><td>19</td><td>145</td></tr>
                    </table>
                </div><br>
                <div class='div4'>
                    <table >
                        <caption> 水平分隔线样式 </caption>
                        <tr><th> 姓名 </th><th> 年龄 </th><th> 成绩 </th></tr>
                        <tr><td> 张三 </td><td>18</td><td>123</td></tr>
                    <tr><td> 李四 </td><td>19</td><td>145</td></tr>
                    </table>
                </div><br>
                <div class='div5'>
                    <table >
                        <caption> 隔行变色样式 </caption>
                        <tr><th> 姓名 </th><th> 年龄 </th><th> 成绩 </th></tr>
                        <tr><td> 张三 </td><td>18</td><td>123</td></tr>
                    <tr><td> 李四 </td><td>19</td><td>145</td></tr>
                    <tr><td> 王五 </td><td>18</td><td>133</td></tr>
                    <tr><td> 赵六 </td><td>19</td><td>143</td></tr>
                        </table>
                </div><br>
```

```
    </body>
</html>
```

案例运行结果如图 3-27 所示。

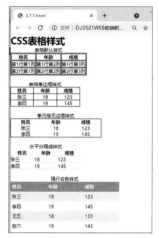

图 3-27　多种表格样式

3.7.2　设置表单样式

表单是网页中浏览器与服务器交互的手段。表单中包含多种表单元素，每种表单元素都有自己的默认样式。为保证整个表单的整体观感，需要对表单元素进行相应的样式设置，图 3-28 所示的是一个进行了样式设置的表单示例——登录页面表单。

图 3-28　登录页面表单

1. 输入框（input）样式

input 元素可按 type 属性分类进行样式设置，建议使用属性选择器进行选择。

● input[type=tekkxt]：选择文本字段。

● input[type=password]：选择密码字段。

● input[type=radio]：选择数字字段。

● input[type=submit]：选择提交按钮。

......

input 元素的样式效果主要体现在控制 input 元素的宽度（width）、填充（padding）、边框（border）、获得焦点（focus）、添加背景（background）等样式上。

2. 多行文本框（textarea）样式

多行文本框适用于在网页上输入多行文字内容，CSS 样式效果主要体现在控制文本框的尺寸、位置、文本内容等样式上。

3．下拉菜单（select）样式

下拉菜单样式主要体现在控制下拉菜单的背景、前景、边框、显示菜单项数量等样式上。

4．按钮样式

表单中的按钮分为提交按钮、重置按钮、普通按钮、图像按钮等，CSS 样式效果重点在按钮的形状、尺寸、边框等样式上。

下面通过具体案例来体验表单样式的综合设置。

【案例 3.7.2】设置表单的样式（案例代码 \unit3\3.7.2.html）

```
<!DOCTYPE html>
<html>
  <head>
    <meta charset="utf-8">
    <style>
        div {width: 600px;margin: 0 auto;border-radius: 5px;padding: 10px;}
        h3{width: 600px;height: 40px;margin: 0 auto;
                text-align: center; line-height: 60px;}
        input[type=text]{width: 100%;    /* 设置输入框宽度 */       }
        input[type=password]{width: 100%; padding: 10px 10px; margin: 8px 0;}
        input[type=password]:nth-child(6){border: 2px solid red;
                border-radius: 4px; /* 给 input 添加圆角 */}
        input[type=email]{width: 100%;padding: 10px 10px;margin: 8px 0;
                border: 2px solid red;border-radius: 4px; color: white;
                background-color: #999; padding-left: 40px;
                background-image: url(img/new1.gif);/* background-image 和 background-position
结合确定位置，注意设置图标的左边距，让图标有一定的空间： */
                background-position: 10px 10px; background-repeat: no-repeat;}
        select {width: 100%;padding: 12px 20px; margin: 8px 0;
                display: inline-block;border-radius: 4px;box-sizing: border-box;}
        textarea{width: 100%;padding: 10px 10px; margin: 8px 0;       border-radius: 4px;}
        input[type=submit] { width: 100%;background-color: #4CAF50; color: white;
                padding: 14px 20px;margin: 8px 0;border: none;border-radius: 4px;
                cursor: pointer;}
        input[type=submit]:hover {background-color: #45a049;}
        </style>
  </head>
  <body>
        <h3>CSS 表单元素样式 </h3>
        <div>
        <form action="">
        <label for="fname"> 用户名： </label>
        <input type="text" id="name" name="name" placeholder=" 输入用户名 ..">
        <label for="lpass"> 密码： </label>
        <input type="password" id="pass" name="pass" placeholder=" 输入密码 ..">
        <label for="lpass"> 确认密码： </label>
        <input type="password" id="pass1" name="pass1" placeholder=" 输入密码 .">
        <label for="fname"> 邮箱地址： </label>
        <input type="email" id="email" name="email" placeholder=" 邮箱地址 ..">
        <label for="country"> 国家 </label>
```

```
        <select id="country" name="country">
            <option value="china"> 中国 </option>
            <option value="canada">Canada</option>
            <option value="usa">USA</option>
        </select>
        <label for="introduce"> 个人简介 </label>
        <textarea> 爱好，兴趣 ......</textarea>
        <input type="submit" value="Submit">
        </form>
        </div>
    </body>
</html>
```

案例运行结果如图 3-29 所示。

图 3-29　设置表单元素样式

在线练习

扫描右边的二维码进行在线练习，可以帮助初学者练习使用 CSS 表格样式和表单样式。

3.7 在线练习

3.8　CSS 浮动布局

何为布局？所谓布局就是排版，比如 Word、WPS 都是广泛使用的文本排版工具。网页布局就是对网页中的元素进行排版，控制排版的标准技术就是 CSS 样式。

关于网页元素的布局，CSS 提供了标准文档流、浮动流和定位流三种模式。其中 float（浮动）属性用以实现浮动布局。

3.8.1　标准文档流

标准文档流又称标准流、文档流，是默认的网页元素布局模式。在这种模式下，元素在浏览器里按照人类的阅读习惯，从左向右、从上到下依次排列。

在排列中，HTML 元素按照显示模式有块级、行级、行内块级三种类型。块级元素会垂直排列，行级元素和行内块级元素会水平排列。文档流中元素的排列规律总结如下：

● 所有元素从左上角开始，按从左到右，从上到下的顺序进行排列；前面的元素被删除时，后面的元素向前流动。

- 一个块元素要独占一行，支持所有 CSS 样式，继承父元素 100% 的宽（默认）。
- 多个行级元素要共用一行，内容撑开其宽度，宽高设置不起作用；margin 属性的上下外边距不起作用；可以设置 padding 和 border，可显示，但只有左右的 padding 和 border 会占据空间。
- 多个行内块级元素共用一行，支持所有 CSS 样式，间距取决于父级的文字大小。
- 设置了浮动之后，元素脱离文档流；设置了定位之后，元素浮动会失效。

3.8.2　设置浮动

网页中大部分元素默认是处于标准文档流中的，但是在排列中经常也会遇到一些特殊需求，如：需要多个 div 元素合并为一行显示，多个 a 元素分多列显示…诸如此类情况，会与默认排列方式相冲突，那么如何脱离标准文档流，实现对元素位置的自由控制呢？浮动和定位就是 CSS 提供的脱离标准文档流的两种方法，本节将学习关于浮动技术的相关内容。

1. float 属性

float 属性用于设置 HTML 元素是否浮动。

语法格式：float:none | left | right

- none：隐藏元素。
- left：设置元素浮在左边。
- right：设置元素浮在右边。

float 属性的应用，可以解决单个块级元素独占一行的问题，实现多个块级元素同行排列。以 float 为核心的 DIV+CSS 网页布局技术得到了广泛运用。那么 DIV+CSS 布局有什么作用呢？在标准文档流中，由于 HTML 元素类型的不同，CSS 显示效果也不同，整个页面可能形成单调、混乱、堆挤等状况，运用 DIV+CSS 对页面进行布局，控制元素的位置、形状、大小等，将各部分模块有序排列，使得网页变得结构清晰、美观大方。

2. 网页基本结构分析

网页基本结构从上到下通常分为页眉、导航栏、内容和页脚等。网页布局时首先划分版心，明确信息存放的区域，如图 3-30 所示；其次按网页结构对信息进行分类，明确主次关系，重点内容优先放置在页面的左上角或居中位置，如图 3-31 所示；接下来就要利用 DIV+CSS 实现页面布局的代码了。

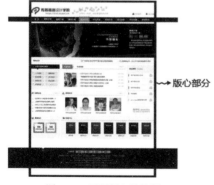

图 3-30　网页版心结构图

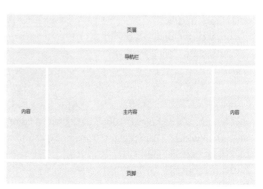

图 3-31　网页基本结构图

3. DIV+CSS 实现基础布局

分析网页基本结构，可以看出，网页布局是按照流技术（先行后列）进行排列的，每行中一般划分为 1~3 个模块，这些模块将整个网页划分成了若干个功能区域。DIV+CSS 正是为了实现页面模块区域的布局而设计的。

（1）1 行 1 列布局

技术分析：

1 行 1 列布局由 1 个 DIV 块组成，一般用于网页的页眉、页脚、导航等模块，如图 3-32 所示。

图 3-32　1 行 1 列布局结构图

代码实现：

DIV 结构：
```
<div class="div1">     </div>
```

CSS 样式：
```
.div1{width: 600px;height: 100px;background-color: red;margin: 10px auto;}
```

（2）1 行 2 列布局

技术分析：

1 行 2 列布局是网页中常见的结构，共有 3 个 DIV 块组成，其中有 1 个表示行的外层 DIV 块，行中包含 2 个 DIV 列块。DIV 列块需要通过 float 属性的浮动设置来实现 1 行 2 列，如图 3-33 所示。

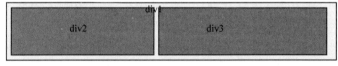

图 3-33　1 行 2 列布局结构图

代码实现：

DIV 结构：
```
<div class="div1">
    <div class="div2"></div>
    <div class="div3"></div>
</div>
```

CSS 样式：
```
.div1{width: 600px;height: 100px;background-color: red;margin: 10px auto;}
.div2,.div3{width: 270px;height: 80px;background-color: green;padding: 10px;}
.div2{float: left;}
.div3{float: right;}
/* 方法 2 */
/* .div3{ float: left;margin-left: 20px;} */
```

（3）1 行 3 列布局

技术分析：

1 行 3 列布局也是网页中常用的结构，共有 4 个 DIV 块组成，其中有 1 个表示行的外层 DIV 块，行中包含 3 个 DIV 列块。DIV 列块需要通过 float 属性的浮动设置来实现 1 行 3 列，如图 3-34 所示。

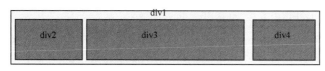

图 3-34 1 行 3 列布局结构图

代码实现：

DIV 结构：
```
<div class="div1">
    <div class="div2"></div>
    <div class="div3"></div>
    <div class="div4"></div>
</div>
```

CSS 样式：
```
.div1{width: 590px;height: 100px;background-color: red;margin: 10px auto;}
.div2,.div3,.div4{width: 170px;height: 80px;background-color: green;padding: 10px;}
.div2{float: left;}
.div3{float:left;margin-left:10px;}
.div4{float: right;}
/* 方法 2 */
/* .div3{ float:left;margin:0px 10px;}
.div4{float: left;} */
```

3.8.3　清除浮动

1. clear 属性

clear 属性用来清除其之前的浮动元素对自身的影响（不同的取值，清除不同方向的浮动）。

语法格式：clear:none | left | right | both

● none：允许两边都可以有浮动对象。

● both：不允许有浮动对象。

● left：不允许左边有浮动对象。

● right：不允许右边有浮动对象。

2. overflow 属性

overflow 属性用来设置元素处理溢出内容的方式。

语法格式：overflow:visible | hidden | scroll | auto

● visible：对溢出内容不做处理，内容可能会超出容器。

● hidden：隐藏溢出容器的内容且不出现滚动条。

● scroll：隐藏溢出容器的内容，溢出的内容可以通过滚动呈现。

● auto：当内容没有溢出容器时不出现滚动条，当内容溢出容器时出现滚动条，按需出现滚动条。textarea 元素的 overflow 默认值就是 auto。

3. 清除浮动的应用

当为一个元素设置了 float 属性之后，该元素会脱离文档流，它在文档流中原有的位置不再保留。若该元素外层有一个未设置高度的父元素，此时由于父元素高度为零，父元素下面的元素就会自动补位，父元素在页面中不会显示，产生"父元素塌陷"现象。这时就需要利用清除浮动来解决此类问题，让其他元素不受浮动的影响，保持原有位置。

关于清除浮动的方式有多种，常用的浮动清除方式如下。

（1）父元素中设置 overflow 属性清除浮动。

```
.parent{width:400px;background-color: green;overflow: hidden; }
```

这种方式有一个缺陷，无法实现二级菜单的超出部分效果。

（2）子元素后设置 clear 属性清除浮动。

```
.clear{clear:both;}
```

这种方式必须在浮动的元素之下再放一个空 HTML 标签，并设置其 clear 属性，是 W3C 推荐做法。其缺陷是会增加页面的 HTML 标签，造成代码冗余。

（3）父元素设置伪元素（after）清除浮动。

```
.clearfix:after{
    content:"";/* 设置内容为空 */
    height:0;/* 高度为 0 */
    line-height:0;/* 行高为 0   */
    display:block;/* 将文本转为块级元素 */
    visibility:hidden;/* 将元素隐藏 */
    clear:both/* 清除浮动 */
}
.clearfix{ zoom:1;/*    为了兼容 IE6-7*/    }
```

这种方式目前是行业中的推荐方式，缺点是只适用于 IE8 及以上版本浏览器和其他非 IE 浏览器。

除了上述方法，关于清除浮动还有其他方法，如双伪元素清除浮动等，读者可自行学习。下面通过具体案例来讲解清除浮动样式的设置。

【案例 3.8.1】设置清除浮动样式（案例代码 \unit3\3.8.1.html）

```
<!DOCTYPE html>
<html>
    <head>
        <meta charset="utf-8">
        <style>
            * {margin: 0px;padding: 0px;}
            .div1 {
                width: 400px;background-color: green;
                /* 方法一：在父元素中设置 overflow 属性清除浮动 */
                /*overflow: hidden; */
            }
            .child {width: 100px;height: 100px;background-color: red;float: left;}
```

```
        .clear {/* 方法二：为子元素后的空元素设置 clear 属性清除浮动 */
            clear: both;
            }
        .div2 {width: 200px;height: 200px;background-color: blue;}
        /* 方法三：为父元素设置伪元素 (after) 清除浮动 */
        .clearfix:after {
            content: "";/* 设置内容为空 */
            height: 0; /* 高度为 0 */
            line-height: 0; /* 行高为 0 */
            display: block; /* 将文本转为块级元素 */
            visibility: hidden;         /* 将元素隐藏 */
            clear: both; /* 清除浮动 */
        }
    </style>
</head>
<body>
    <div class="div1 clearfix"><!-- 方法三 -->
    <!--<div class="div1">--><!-- 若去掉 clearfix 类，即不清除浮动，结果如何？-->
    <div class="child"></div>
        <!-- <div class="clear"></div> --> <!-- 方法二 -->
    </div>
    <div class="div2"></div>
</body>
</html>
```

案例运行结果如图 3-35 所示。

图 3-35　左图：清除浮动

图 3-35　右图：不清除浮动

【思考】

　　如果将设置 clear 属性的空元素"<div class="clear"></div>"移动到父元素 div1 之后，案例运行结果是怎样的？

 在线练习

　　扫描右边的二维码进行在线练习，可以帮助初学者练习使用 CSS 浮动布局。

3.8 在线练习

3.9 CSS 定位布局

如何实现一个 HTML 元素定位到页面中某个具体坐标呢？CSS 定位布局正是解决该问题的方法，使用 position、left、right、top、bottom 等属性，可以让元素从原有位置发生偏移，固定到页面某个位置上，CSS 定位布局也称为精确定位。

3.9.1 position 属性

1. 定位属性（position）

position 属性用来精确定位一个元素在文档中的位置。

语法格式：position:static | relative | absolute | fixed

- static：元素的默认定位方式，即各个 HTML 元素在文档流中默认的位置，如图 3-36 所示。
- absolute：绝对定位方式，以最近的已定位的父元素为参照物（若没有定位的父元素，则向上回溯到 body 元素）。元素的位置偏移不影响标准文档流中的其他元素，其 margin 不与其他任何 margin 折叠，如图 3-37 所示。
- relative：相对定位方式，参照自身在标准文档流中的位置，通过设置 top、right、bottom、left 等定位偏移属性进行偏移，偏移时不影响标准文档流中的其他元素，如图 3-38 所示。
- fixed：固定定位方式，以当前浏览器窗口为参照物。当出现滚动条时，元素位置也保持不变，不会随着滚动，如图 3-39 所示。

图 3-36～图 3-39 所示为设置 float 浮动属性后，div1、div2、div3 显示的 4 种效果，参照物用虚线框表示。

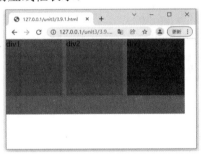

图 3-36　static 定位方式

图 3-37　absolute 定位方式

图 3-38　relative 定位

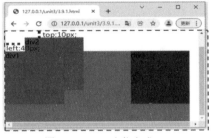

图 3-39　fixed 定位方式

掌握了关于精确定位的 4 种方式之后，就可以综合运用它们实现一些特殊效果了，如鼠标偏移、一些注重区域的标记等，是网页中经常用到的设计手法，下面通过绝对与相对定位方式相结合，代码实现标注重点区域的功能。

【案例 3.9.1】网站主导航中的 hot 标记精确定位（案例代码 \unit3\3.9.1.html）

```html
<!DOCTYPE html>
<html>
  <head>
    <meta charset="utf-8">
    <style>
        *{margin: 0px;padding: 0px;}
nav{width:100%;height:50px;background-color: #65a8c2; font-size: 16px; }
.nav1{ width: 810px;margin: 0px auto; position: relative;}
        .nav1 li{float: left;width: 100px; height: 50px;
                line-height: 50px;list-style-type: none;}
        .nav1 li a{ display: inline-block;width: 90px;
                text-decoration: none;text-align: center;color: white; }
        .nav1 li a:hover{ background-color:    lightblue;    }
        .nav1 .hot{ position: absolute; top: 0px; left: 75px; }
    </style>
  </head>
  <body>
    <nav>
        <div class="nav1">
        <div class="hot"><img src="img/hot.png" height="24" width="21" alt=""></div>
        <ul>
        <li><a href="#"> 矢量素材 </a></li>
        <li><a href="#">PSD 素材 </a></li>
        <li><a href="#"> 图片素材 </a></li>
        <li><a href="#"> 网页素材 </a></li>
        <li><a href="#">JS 代码 </a></li>
        <li><a href="#"> 广告平面 </a></li>
        <li><a href="#"> 免抠元素 </a></li>
        <li><a href="#"> 设计模板 </a></li>
        </ul>
        </div>
        </nav>
  </body>
</html>
```

案例运行结果如图 3-40 所示。

图 3-40　网站主导航标记

3.9.2　定位偏移

1. top/bottom/left/right 属性

top/bottom/left/right 属性用来精确定位一个元素在文档中的向上 / 右 / 下 / 左所偏移位置。

语法格式：top/bottom/left/right:auto | length | percentage

- auto：默认状态，在文档流中按 HTML 定位规则分配。
- length：用数值来定义距离上 / 下 / 左 / 右边的偏移量，可以为负值。
- percentage：用百分比来定义距离上 / 下 / 左 / 右边的偏移量，可以为负值。

3.9.3　z-index 属性

z-index 属性用来设置一个元素在文档中的层叠顺序。

语法格式：z-index: auto | integer

- auto：元素在当前层叠上下文中的层叠级别是 0。元素不会创建新的局部层叠上下文，除非它是根元素。
- integer：用整数值来定义堆叠级别，可以为负值，数值越大，堆叠的层级越高。

z-index 在 CSS 中进行堆叠排序时，拥有更高堆叠顺序的元素总会处于堆叠顺序较低的元素的前面，并且元素可拥有负的 z-index 属性值。但要注意的是，z-index 仅能在定位元素上奏效（如 position:fixed;），既然 fixed 对象有层级，那么势必会产生层叠，谁在上面，谁在下面就是由 z-index 这个 z 轴属性来决定的，下面通过具体案例来体验一下。

【案例 3.9.2】设置 z 轴层叠样式（案例代码 \unit3\3.9.2.html）

```html
<!DOCTYPE html>
<html>
  <head>
    <meta charset="utf-8">
    <style>
            div{width:200px;height:100px; position:fixed;}
            .fix1{ left:50px; top:50px; z-index:1; background-color:#bb0000; }
            .fix2{ left:70px; top:70px; z-index:2; background-color:#00bb00; }
            .fix3{ left:90px; top:90px; z-index:3; background-color:#0000bb; }
            .fix4{ left:110px; top:110px; z-index:4; background-color:#F768BA; }
    </style>
  </head>
  <body>
    <div class="fix1">z-index:1;</div>
    <div class="fix2">z-index:2;</div>
    <div class="fix3">z-index:3;</div>
    <div class="fix4">z-index:4;</div>
  </body>
</html>
```

案例运行结果如图 3-41 所示。

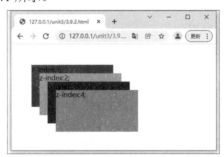

图 3-41　网站主导航标记

在线练习

扫描右边的二维码进行在线练习，可以帮助初学者练习使用 CSS 定位布局。

3.10　CSS 的继承性与优先级

3.10.1　CSS 样式的层叠性

1. 层叠性定义

所谓 CSS 样式的层叠性是指多种 CSS 样式叠加到同一个 HTML 元素上，当设置相同的样式时，一个样式就会覆盖（层叠）另一个样式，产生样式冲突。层叠性主要需要解决的问题是样式冲突，是浏览器处理冲突能力的一个表现。

2. 层叠原则

- 样式冲突，遵循就近原则，执行离结构最近的样式。
- 样式不冲突，不会层叠。

3.10.2　CSS 样式的继承性

1. 继承性定义

所谓 CSS 样式的继承性是指被包在内部的标签将拥有外部标签的样式属性，即子元素可以继承父元素的属性。

2. 继承特性

恰当地使用继承性可以简化代码，降低 CSS 样式的复杂性。但是，不是所有的属性都能被继承的，要注意 CSS 继承的局限性。

- 子元素可以继承父元素的属性：一般来说，文字的所有属性都可以继承，如颜色、大小、字体、粗细、风格、行高等。
- 子元素不能继承父元素的属性：比如盒子模型、背景、定位、生成内容、轮廓样式等属性。
- 某些 HTML 元素继承的特殊性：如标题标签系列不能继承文字大小；a 标签不能继承文字颜色和下画线。内联元素可继承字体、文本系列属性（text-indent、text-align 除外）；块级元素可继承 text-indent、text-align 属性等。

3. 继承的优先级

- 最近的祖先样式比其他祖先样式优先级高。

如类名为 son 的 div 的 color: blue：

```
<div style="color: red">
<div style="color: blue">
<div class="son"></div>
</div>
</div>
```

- 直接样式比祖先样式优先级高。

祖先样式是一个标签从祖先那里继承来的而自身没有的属性。直接样式是一个标签直接拥有的属性，如类名为 son 的 div 的 color: blue：

```
<div style="color: red">
<div class="son" style="color: blue"></div>
</div>
```

3.10.3 CSS 样式的优先级

一个元素的属性中有从祖先继承的，也有自身的。那么这些属性在作用于元素时，必然就有优先级的问题，如何处理优先级问题呢？

当同一个元素指定多个选择器，优先级的执行原则如下。

1. 同等级原则

● 优先级高的优先，如行内式样式 > 内嵌式样式 > 外部样式。

● 优先级相同时，则采用就近原则，选择后定义的样式，如下例中文字显示为蓝色。

```
// HTML 元素
<div class="div1">div1 </div>
```

```
// CSS 样式
body {   color: red; }// 定义文字颜色为红色
div { color: blue;}// 重定义文字颜色为蓝色
```

● 属性后面加 !important 时，绝对优先。

● 来自继承的属性，优先级最低。

2. 不同等级原则

当选择器等级不同时，则根据选择器权重执行。

可见选择器权重值决定了优先级，选择器权重是由 4 组数字组成的，不会有进位，表 3-11 中显示了各种选择器的权重数值。

表 3-11 选择器权重数值说明

选　择　器	权 重 数 值
继承 、*	0,0,0,0
标签选择器、伪元素选择器	0,0,0,1
类选择器、属性选择器、伪类选择器	0,0,1,0
ID 选择器	0,1,0,0
行内式样式 style=" "	1,0,0,0
！important	无穷大

● 单个选择器权重值见表 3-11，如 ID 选择器权重为 0100。

● 组合选择器的优先级关系，权值计算公式如下：

权值 = 1000 第一等级个数 + 100 第二等级个数 + 10 第三等级个数 + 1 第四等级个数

```
// HTML 元素
<div id="con-id">
<span class="con-span"></span>
</div>
```

```
// CSS 样式
```

```
#con-id span { color: red; }// 权重 =0100+0001=0101
div .con-span { color: blue;}// 权重 =0001+0010+=0011
```

比较上面 CSS 源码中的权重值，可见 #con-id span 优先级高，故 span 元素显示为红色。

【思考】

CSS 优先级分为同等级和不同等级规则，组合选择器通过权值之和来决定优先级顺序，请按表 3-12 所示，计算并填写相应优先级数值。

表 3-12　选择器优先级数值

选　择　器	权　重　数　值	优　先　级
style=" "	1,0,0,0	1000
#div1 #red{}	0,2,0,0	
#div1 .cont{}	0,1,1,0	
div　#red{}	0,1,0,1	
div .comm .date{}	0,0,2,1	
div p{}	0,0,0,2	

在线练习

扫描下面的二维码进行在线练习，可以帮助初学者练习使用 CSS 继承性与优先级。

3.10 在线练习

单元 4　HTML5 新特性

HTML5 中新增了很多新的元素和属性，这些新增的元素使文档结构更加清晰明确，属性则令标记元素的功能更加强大，给设计者提供了更加简便高效的开发手段，掌握这些元素和属性是正确使用 HTML5 设计网页的基础。

学习目标

- 了解 HTML5 的优势、文档声明及语法变化。
- 掌握常用的文档语义标签、文本语义元素，能够正确地组织页面结构。
- 掌握常用页面增强元素、HTML5 通用属性，能够使用页面元素实现相应的操作。
- 理解多媒体元素，能够在页面中完成音频和视频的嵌入。
- 掌握 <input> 标签新增 type 类型，能够定义不同的表单控件。
- 了解新增表单常用属性，能够正确完成表单的功能。

知识地图

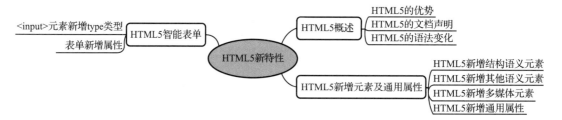

4.1　HTML5 概述

HTML5 是超文本标记语言（HyperText Markup Language）的第 5 代版本，是互联网的下一代标准，被认为是互联网的核心技术之一。

HTML5 技术结合了 HTML4.01 的相关标准并革新，符合现代网络发展要求，在 2008 年正式发布。HTML5 由不同的技术构成，其在互联网中得到了非常广泛的应用，提供了更多增强网络应用的标准机制。与传统的技术相比，HTML5 的语法特征更加明显，并且结合了 SVG 的内容。这些内容在网页中得到使用可以更加便捷地处理多媒体内容，而且 HTML5 中还结合了其他元素，对原有的功能进行调整和修改，进行标准化工作。HTML5 在 2012 年已形成了稳定的版本。

4.1.1　HTML5 的优势

从 HTML4.0、XHTML 到 HTML5，从某种意义上看，是 HTML 语言更加规范的过程，因而开发者能很容易地过渡到新的标准上来。同时 HTML5 增加了非常实用的功能和特性，下面具体介绍 HTML5 的优势。

1.　解决了跨浏览器、跨平台问题

在 HTML5 之前，各种浏览器对 HTML、JavaScript 的支持都不统一，这就造成了同一个网页在不同浏览器中的显示效果不同。HTML5 的目标是分析各浏览器所具有的功能，并以此制定一个通用的规范，要求每个浏览器都支持这个标准。这也就意味着每个浏览器或者每个平台都可以实现。目前市面上绝大多数浏览器都支持 HTML5，同时包含移动端等设备上使用的浏览器。

2.　语义更加明确

HTML5 之前，要构造一个网页的结构，一般只能通过 <div> 标签来实现，如下所示：

```
<div id ="header">...</div>
<div   id="nav">...</div>
<div> id="article">
        <div    id="section">
        ...
        </div>
</div>
<div> id="footer">...</div>
```

在上面的页面文档中，页面结构都采用 div 元素实现，通过 id 值表示 div 不同的含义。而 HTML5 为页面提供了更加明确的结构语义元素，如下所示：

```
<header>...</header>
<nav>...</nav>
<article>
        <section>...</section>
</article>
<footer>...</footer>
```

3.　增强了 Web 的应用程序

HTML5 提供了 API 实现浏览器内的编辑、拖放，以及各种图形用户界面的功能。如以前网页上播放视频都需要使用 Flash 播放器，而现在直接使用 HTML5 就可以播放视频。

4.1.2　HTML5 的文档声明

DTD 称为文档类型定义，是通用标记语言的一部分，它可以定义合法的 XML 文档构建模块，它使用一系列合法的元素来定义文档的结构。

在 HTML5 之前，文档声明一般有三种类型：严格型 strict、过渡型 transitional、框架 frameset。

HTML4.01 的 DTD 三种写法：

```
<!DOCTYPE HTML PUBLIC "-//W3C//DTD HTML 4.01//EN" "http://www.w3.org/TR/html4/strict.dtd">
<!DOCTYPE HTML PUBLIC "-//W3C//DTD HTML 4.01 Transitional//EN" "http://www.w3.org/TR/html4/
```

```
loose.dtd">
    <!DOCTYPE HTML PUBLIC "-//W3C//DTD HTML 4.01 Frameset//EN" "http://www.w3.org/TR/html4/
frameset.dtd">
```

XHTML 的 DTD 三种写法：

```
    <!DOCTYPE html PUBLIC "-//W3C//DTD XHTML 1.0 Strict//EN" "http://www.w3.org/TR/xhtml1/DTD/
xhtml1-strict.dtd">
    <!DOCTYPE html PUBLIC "-//W3C//DTD XHTML 1.0 Transitional//EN" "http://www.w3.org/TR/xhtml1/
DTD/xhtml1-transitional.dtd">
    <!DOCTYPE html PUBLIC "-//W3C//DTD XHTML 1.0 Frameset//EN"    "http://www.w3.org/TR/xhtml1/DTD/
xhtml1-frameset.dtd">
```

HTML5 的 DTD 写法变得简单：

```
<!DOCTYPE html>
```

4.1.3　HTML5 的语法变化

HTML5 较之前的版本在语法上发生了一些变化，最大的特点是最大限度地兼容了互联网上不规范的网页，语法变化的主要内容如下。

1. 元素可以省略标记

- 不允许写结束标记的元素有：area、base、br、col、command、embed、hr、img、input、keygen、link、meta、param、source、track、wbr。
- 可以省略结束标记的元素有：li、dt、dd、p、rt、rp、optgroup、option、colgroup、thead、tbody、tfoot、tr、td、th。
- 可以省略全部标记的元素有：html、head、body、colgroup、tbody。

2. 允许省略属性的值

```
// 规范写法：
<input  type="text"  readonly="readonly" >
// 不规范写法：
<input  type="text"  readonly="" >
<input  type="text"  readonly="true" >
<input  type="text"  readonly>
```

以上几种情况表示属性值为 true，如果该属性值是 false，则不使用该属性值即可。

在 HTML5 中允许省略属性值的属性如表 4-1 所示。

表 4-1　在 HTML5 中允许省略属性值的属性

XHTML	HTML5
chenck="checked"	checked
defer="defer"	defer
disabled="disabled"	disabled
ismap="ismap"	ismap
multiple="multiple"	multiple
nohref="nohref"	nohref

续表

XHTML	HTML5
noresize="noresize"	noresize
noshade=" noshade"	noshade
nowarp="nowarp"	nowarp
readonly="readonly"	readonly
selected="selected"	selected

3. 标签不再区分大小写

`<p>Hello world!</P>`

按照规范化的要求，标签应尽量使用小写。

4. 允许属性值不使用引号

传统的 XHTML 按 XML 规范，要求所有的属性值都必须用引号引起来，但 HTML5 允许直接给出属性值，即使不放在引号中也是正确的。

```
<input type=checkbox checked />
<input type=checkbox checked=checked/>
<input type=checkbox    checked=/>
```

【思政一刻】

🚩 讨论：HTML5 既然为我们提供了这么大的"随意"性，我们是否就可以不注重代码的严谨性了呢？

规范严谨的职业素养的养成不是一朝一夕速成的，一定是在长期有意识地积累和实践中锻炼而成的。牢记：千里之堤、溃于蚁穴。

 在线练习

扫描右边的二维码进行在线练习，可以帮助初学者了解 HTML 的基本概念。

4.1 在线练习

4.2　HTML5 新增元素及通用属性

4.2.1　HTML5 新增结构语义元素

HTML5 之前，HTML 页面只能用 div 元素作为结构元素，不利于代码的阅读和理解，HTML5 添加了很多新的语义元素，所谓语义元素，就是有意义的元素，包括 header、nav、section、article、aside、footer 等元素，可以用来定义网页的页眉、导航链接、区块、网页体内容、工具栏和页脚等结构。HTML5 语义元素的布局如图 4-1 所示。

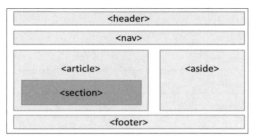

图 4-1　HTML5 新增结构语义元素

下面列举一些 HTML5 中常用的结构语义元素，如表 4-2 所示。

表 4-2　常用的结构语义元素

标　签　名	描　　　述
<header>	定义文档的头部区域
<nav>	定义导航链接的部分
<section>	定义文档中的节 (section、区段)
<article>	定义页面独立的内容区域
<aside>	定义页面的侧边栏内容
<figure>	规定独立的流内容（图像、图表、照片、代码等）
<figcaption>	定义 figure 元素的标题

1. header 元素

header 元素是一种具有引导和导航作用的结构元素，该元素可以包含所有通常放在页面头部的内容，一般是介绍性的或者辅助导航的实用元素。它可能是一些标题元素，也可能包含其他元素，如 Logo、搜索框、作者名称等。

注意：<header> 标签不能放在 <footer>、<address> 或者另一个 header 元素内部。

2. nav 元素

<nav> 标签全称 navigation，顾名思义，是导航的意思，用于定义导航链接，该元素可以将具有导航性质的链接归纳在一个区域中，使页面元素的语义更加明确。通常，一个 HTML 页面中可以包含多个 nav 元素，作为页面整体或者不同部分的导航，具体来说，nav 元素可以用于以下几种场合。

- 传统导航条：目前主流网站上都有不同层级的导航条，其作用是跳转到网站的其他主页面。
- 侧边栏导航：目前主流博客网站及电商网站都有侧边栏导航，目的是从当前文章或当前商品页面跳转到其他文章或其他商品页面。
- 页内导航：它的作用是在本页面几个主要的组成部分之间进行跳转。
- 翻页操作：翻页操作切换的是网页的内容部分，可以通过单击"上一页"或"下一页"切换，也可以通过单击实际的页数跳转到某一页。

3. footer 元素

<footer> 标签，即页底标签。使用这个标签可以定义页面的底端结构，当然，和上面介绍的 <header> 标签或者 <nav> 标签一样，它并不仅仅使用在整个页面的页尾处。

【案例 4.2.1】HTML5 页面语义结构（案例代码 \unit4\4.2.1.html）

```html
<!DOCTYPE html>
  <html>
      <head>
          <meta charset="UTF-8">
          <title>HTML5 页面语义结构 </title>
      </head>
      <body>
          <header>
              <h1> 古诗词 </h1>
          </header>
          <hr />
          <nav>
              <a href=""> 首页 </a>
              <a href=""> 先秦 </a>
              <a href=""> 两汉 </a>
              <a href=""> 唐代 </a>
              <a href=""> 明清 </a>
          </nav>
          <hr />
          <pre>
              咏鹅
                  骆宾王〔唐代〕

          鹅，鹅，鹅，曲项向天歌。
          白毛浮绿水，红掌拨清波。
          </pre>
          <footer>
              <small>Copyright &copy;2022 编者 </small>
              <small><address> 联系地址：北京市 ** 区 ** 路 ** 号 </address></small>
          </footer>
      </body>
</html>
```

案例运行结果如图 4-2 所示。

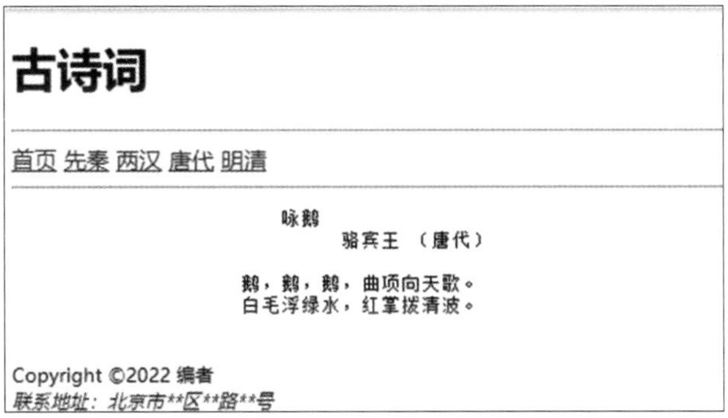

图 4-2　HTML5 页面语义结构

4. article 元素

<article> 代表文档、页面、应用程序中独立的完整的被外部引用的内容区域。它可以

是博客中的文章、帖子、用户的回复，总之 <article> 所表示的所展现的内容，是外表独立出来的内容，所以它有自己独立的标题、页脚。

5. section 元素

section 元素表示文档或应用的一个部分。所谓"部分"，这里是指按照主题分组的内容区域，通常会带有标题。一个 <section> 由内容和标题组成，通常不推荐使用在那些没有标题的内容中，<section> 的作用是对页面上的内容进行分块，如各个有标题的版块、功能区或对文章进行分段，不要与有自己完整、独立内容的 <article> 混淆。

拿报纸举个例子：一份或一张报纸有很多个版块，有头版、国际时事版块、体育版块、娱乐版块、文学版块等，像这种有版块标题的、内容属于一类的版块就可以用 <section> 包起来。然后在各个版块下面，又有很多文章、报道，每篇文章都有自己的文章标题、文章内容。这个时候用 <article> 就最好。如果一篇报道太长，分好多段，每段都有自己的小标题，这时候又可以用 <section> 把段落包起来。

【案例 4.2.2 】article-section 元素的使用方法（案例代码 \unit4\4.2.2.html）

```html
<!DOCTYPE html>
  <html>
    <head>
        <meta charset="UTF-8">
        <title>article-section 元素的使用方法 </title>
    </head>
    <body>
      <article>
          <h1> 产品 </h1>
          <p> 详细产品列表 </p>
          <section>
                <h1> 产品 A</h1>
                <p> 产品 A 的介绍 </p>
          </section>
          <section>
                <h2> 产品 B</h2>
                <p> 产品 B 的介绍 </p>
          </section>
      </article>
      <hr>
      <section>
          <h1> 产品 </h1>
          <p> 产品的种类列表 </p>
          <article>
            <h2> 产品 A</h2>
            <p> 产品 A 的介绍 </p>
          </article>
          <article>
            <h2> 产品 B</h2>
            <p> 产品 B 的介绍 </p>
          </article>
      </section>
    </body>
  </html>
```

案例运行结果如图 4-3 所示。

图 4-3 article-section 元素的使用方法

通过示例分析，在 HTML5 中，article 元素可以当作一种特殊的 section 元素，它比 section 元素更具独立性。当一块内容相对来说比较独立、完整时，应该使用 article 元素，如果想要将一块内容分成多段时，则应该使用 section 元素。

6. aside 元素

<aside> 标签用于定义 < article> 以外的内容。<aside> 的内容应该与 <article> 的内容相关。

aside 元素在网站制作中主要有以下两种使用方法：

（1）被包含在 article 元素中作为主要内容的附属信息部分，其中的内容可以是与当前文章有关的相关资料、名词解释，等等。

（2）在 article 元素之外使用作为页面或站点全局的附属信息部分。最典型的是侧边栏，其中的内容可以是友情链接，博客中的其他文章列表、广告单元等。

【案例 4.2.3】aside 元素的使用（案例代码 \unit4\4.2.3.html）

```
<!DOCTYPE html>
  <html >
    <head>
      <meta charset="utf-8">
      <title>aside 元素的使用 </title>
      <style type="text/css">
        /* 控制 aside 为右侧栏 */
        .aside-right{position:absolute;
            border: 1px solid black;      background-color: #CCCCCC;
            width:200px;       left:50%;top:1%;}
      </style>
    </head>
    <body>
          <article>
        <h1>jQuery 中文网 </h1>
        <p> 欢迎访问 www.php.cn</p>
        <p> 省略内容 ...</p>
        <aside> 这里有 jQuery 的资料 </aside>
```

```
        </article>
        <aside class="aside-right" >
        <h3> 这还是 jQuery 中文网 </h3>
        <ul>
        <li><a href=""> 一个学编程必备的网站 </a></li>
        <li><a href=""> 一个很活跃的网站 </a></li>
        </ul>
        <h3>jQuery 中文网 </h3>
        <ul>
        <li><a href=""> 欢迎你的到来 </a></li>
        <li><a href=""> 想学什么编程都可以来 </a></li>
        </ul>
        </aside>
    </body>
  </html>
```

案例运行结果如图 4-4 所示。

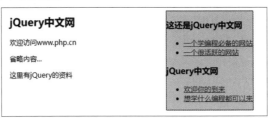

图 4-4　aside 元素的使用

在例 4.2.3 中定义了两个 aside 元素，其中第一个 aside 元素位于 article 元素中，添加主要内容的附属信息。第二个用于存放页面的侧边栏内容。

7. figure 和 figcaption 元素

在 HTML5 中，通过 figure 元素来定义一块独立的内容，如图像、图表、照片、图形、插图、代码片段等。并且，figure 元素的内容应该与主内容相关，而且独立于上下文，如果删除，也不对文档流产生影响。

在 figure 元素中，通过 figcaption 元素来定义内容的标题（caption）。figcaption 元素并不是必需的，但如果包含它，它就必须是 figure 元素的第一个子元素或最后一个子元素。并且，一个 figure 元素可以包含多个内容块，但无论 figure 元素里面有多少个内容块，最多只允许有一个 figcaption 元素。

【案例 4.2.4】figure 和 figcaption 元素的使用（案例代码 \unit4\4.2.4.html）

```
<!DOCTYPE html>
<html>
    <head>
        <meta charset="utf-8">
        <title> figure 和 figcaption 元素的使用 </title>
    </head>
    <body>
        <p> 北京时间 2 月 20 日晚，2022 年北京冬季奥运会闭幕式在北京国家体育场举行，冬奥
会闭幕式以"构建人类命运共同体"为核心表达，以"简约、安全、精彩"为创作原则，立足于从全世
界的角度展望美好未来。
```

```
        </p>
    <figure>
        <figcaption> 北京冬季奥运会闭幕式 </figcaption>
        <img src="../img/2022 冬奥闭幕 .jpg" alt="" width="50%" />
        <img src="../img/2022 冬奥闭幕 2.jpg" alt="" width="50%" />
    </figure>
    </body>
</html>
```

案例运行结果如图 4-5 所示。

图 4-5　figure 和 figcaption 元素的使用

在例 4.2.4 中，其中 figure 元素中的图片与 \<p\> 段落中的内容相关，但又独立于上下文，在 figure 元素的第一个子元素中定义 \<figcaption\> 来定义 figure 元素中的图片标题。

8.　hgroup 元素

在 HTML5 中，\<hgroup\> 标签是用来对网页或区段的标题进行组合的，即对网页或区段中连续的 h1~h6 元素进行组合。\<hgroup\> 标签只是对标题进行组合，而对标题的样式没有影响。使用 hgroup 元素时要注意以下几点：

- 如果只有一个标题元素则不建议使用 hgroup 元素。
- 如果除了主标题，还有其他内容（比如内容摘要、发表日期、作者署名、图片和小标题），应该把它们放在 \<hgroup\> 的后面，再把它们整体放在 header 元素中。

【案例 4.2.5】hgroup 元素的使用（案例代码 \unit4\4.2.5.html）

```
<!DOCTYPE html>
<html>
    <head>
        <meta charset="UTF-8">
        <title>hgroup 元素的使用 </title>
    </head>
    <body>
        <header>
            <hgroup>
                <h1> 因为痛，所以叫青春 </h1>
                <h2> 写给独自站在人生路口的你 </h2>
            </hgroup>
        <p>[ 韩 ] 金兰都 </p>
        </header>
    </body>
</html>
```

案例运行结果如图 4-6 所示。

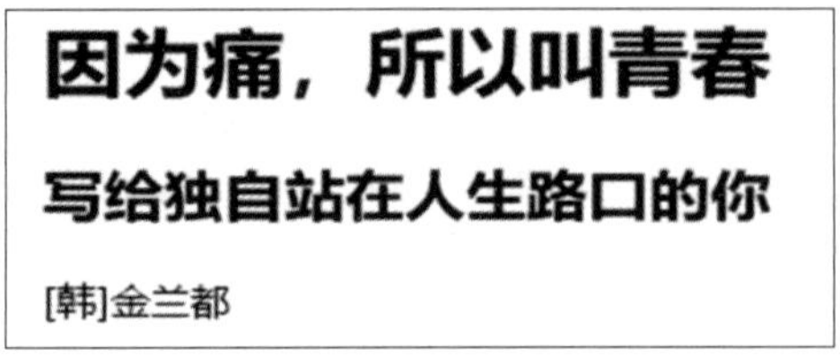

因为痛，所以叫青春

写给独自站在人生路口的你

[韩]金兰都

图 4-6　hgroup 元素的使用

注意：案例 4.2.5 中 h1 元素是 hgroup 元素的第一个子元素，因此 hgroup 元素的级别相当于 h1 元素。

4.2.2　HTML5 新增其他语义元素

1. time 元素

用于显示被标注的内容是日期或者是时间，该元素可以代表 24 小时中的某一时刻，在表示时刻时，允许有时间差。

time 元素有两个属性。

datatime 属性：<time datetime="YYYY-MM-DDThh:mm:ssTZD">，其属性值和描述如表 4-3 所示。该属性值交给机器读取，能够简化浏览器对数据的提取，方便搜索引擎的搜索，而不是显示给用户看的，这样做是为了方便其他代码读取该日期时间，并且可以拿到一个标准的时间戳。

pubdate: 属性：指示 time 元素中的日期\时间是文档（或 article 元素）的发布日期。它是个布尔值。

表 4-3　datatime 属性值和描述

值	描　　述
YYYY-MM-DDThh:mm:ssTZD	日期或时间，下面解释了其中的成分： YYYY - 年 (例如 2011) MM - 月 (例如 01 表示 January) DD - 天 (例如 08) T - 必需的分隔符，若规定时间的话 hh - 时 (例如 22 表示 10.00pm) mm - 分 (例如 55) ss - 秒 (例如 03) TZD - 时区标识符 (Z 表示祖鲁，也称为格林威治时间)

2. mark 元素

使用 mark 元素，可以高亮显示文档中的文字以达到醒目的效果，该元素用法与 strong、em 元素类似，区别是 strong、em 元素的作用是强调文本，并非仅仅是高亮显示文本。

【案例 4.2.6】time 和 mark 元素的使用（案例代码 \unit4\4.2.6.html）

```
<!DOCTYPE html>
<html>
  <head>
    <meta charset="UTF-8">
    <title>time 和 mark 元素的使用 </title>
```

```
    </head>
    <body>
        <p><time datetime="2022-02-04"pubdate="false">2022 年 2 月 4 日 </time>
            是中国的传统节气 ----<mark> 立春 </mark>        </p>
        <p><time datetime="2022-02-04T20:00:00">2022 年 2 月 4 日 20 点 </time>
            是 2022 年北京东奥会 ----<mark> 开幕式 </mark>        </p>
    </body>
</html>
```

案例运行结果如图 4-7 所示。

2022年2月4日 是中国的传统节气----立春

2022年2月4日20点 是2022年北京东奥会----开幕式

图 4-7　time 和 mark 元素的使用

3. meter 元素

meter 元素用于表示指定范围的数值，又称为尺度，常用于显示计算机硬盘容量、电池电量、汽车速度表等场合。meter 元素常用的属性值如表 4-4 所示。

表 4-4　meter 元素常用的属性值

属　　性	描　　述
high	规定被界定为高的值的范围
low	规定被界定为低的值的范围
max	规定范围的最大值
min	规定范围的最小值
optimum	规定度量的最优值。如果该值高于 high 属性值，则意味着值越高越好，如果该值低于 low 属性值，则意味着值越低越好
value	必需。规定度量的当前值

4. progress 元素

<progress> 标签用来表示页面中某个任务完成的进度，可以是不确定的任务进度（仅仅表示某个任务正在进行中，而不知道该任务什么时候终止），也可以是一个介于某个最小值（如 0）与最大值（如 100）之间的进度。

progress 元素常用的属性值有两个，如表 4-5 所示。

表 4-5　progress 元素常用属性值

属　　性	值	描　　述
max	整数或浮点数	设置完成时的值，表示总体的工作量
value	整数或浮点数	设置正在进行时的值，表示已完成的工作量

注意：progress 元素中设置的 value 值必须小于或等于 max 属性值，且两者都必须大于 0。

【案例 4.2.7】meter 和 progress 元素的使用（案例代码 \unit4\4.2.7.html）

```
<!DOCTYPE html>
<html>
```

111

```
<head>
    <meta charset="UTF-8">
    <title>time 和 mark 元素的使用 </title>
</head>
<body>
    <p> 小明的成绩是: <meter   value="85" min="0" max="100" low="60" high="80"
optimum="100">85</meter>
    </p>
    <p>
        文件下载的速度:
        <progress max="100" value="70">70%</progress>
    </p>
</body>
</html>
```

案例运行结果如图 4-8 所示。

图 4-8　meter 和 progress 元素的使用

5．details 和 summary 元素

details 元素是一个新增的 HTML5 元素，功能是描述文档某个部分的细节。summary 元素也是 HTML5 新增的元素，用来为 details 元素定义一个可见的标题。当用户单击标题时，会在显示和隐藏 <details> 中的其他内容间切换，同时 <details> 标签还支持包含另一个 <details> 标签，形成嵌套结构。

summary 元素必须和 details 元素配合使用，能够使 HTML 组件像手风琴一样进行折叠和展开，单独使用则没有意义。

基本语法如下：

<details><summary> 标题 </summary> 详细信息 </details>

注意：作为配合使用的 <summary> 标签，必须是 <details> 标签的第一个子元素，这样 <summary> 标签的标题是可见的，否则"标题"会被默认的"详细信息"替换。

【案例 4.2.8】summary 元素的使用（案例代码 \unit4\4.2.8.html）

```
<!DOCTYPE html>
<html>
    <head>
        <meta charset="UTF-8">
        <title>summary 元素的使用 </title>
        <style>
            details {
                padding: 5px 30px;
                background-color: #CCCCCC;
                margin-bottom: 10px;
            }
        </style>
```

```
    </head>
    <body>
        <details open="open">
            <summary> 第一级目录 </summary>
            <p>HTML5 details 元素详解 </p>
            <details>
                <summary> 第二级目录 </summary>
                <p> 关于 HTML5 Summary 元素的介绍 </p>
            </details>
        </details>
    </body>
</html>
```

案例运行结果如图 4-9 所示。

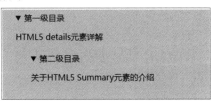

图 4-9　summary 元素的使用

上例中的"第一级目录"和"第二级目录"是 <summary> 标签定义的标题部分，单击会在显示和隐藏 <details> 中的其他内容间切换。

【 思政一刻 】

🚩 思考：学习了上个示例中 <summary> 标签和 <details> 标签配合使用，同学们有什么体会呢？

两个标签各自有各自的功能，但配合使用却形成特殊的效果，说明团队协作的重要性，软件行业尤为需要这样的团队精神！

4.2.3　HTML5 新增多媒体元素

通过 HMTL5 新增的 audio 和 video 元素可以不用第三方插件就可以处理网页上的音频和视频，给开发者带来了全新的体验。

1. audio 元素

HTML5 中的 audio 元素用于加载音频文件，HTML5 规定了一种通过 audio 元素来包含音频的标准方法，音频文件的格式较多，但是 MP3 格式在大部分的浏览器中都能正常运行，下面的示例以 MP3 音频为例。

基本语法如下：

```
<audio  src="URL" controls="controls"  autoplay="autoplay"  loop="loop">
    当前浏览器不支持 audio 直接播放
</audio>
```

主要属性说明如下。

● src="URL"：设置要播放音频的 URL（必填项）。

- controls="controls"：添加浏览器为音频提供的播放控件。
- autoplay="autoplay"：当页面加载完成后自动播放音频。
- loop="loop"：循环播放。

【案例 4.2.9】audio 元素的使用（案例代码 \unit4\4.2.9.html）

```
<!DOCTYPE html>
<html>
  <head>
      <meta charset="UTF-8">
      <title>audio 元素 </title>
  </head>
  <body>
      <audio src="Summer.mp3" controls="controls" autoplay="autoplay" loop="loop">
      当前浏览器不支持 audio 直接播放
      </audio>
  </body>
</html>
```

案例运行结果如图 4-10 所示。

图 4-10　audio 元素的使用

2. video 元素

HTML5 中的 video 元素用于加载视频文件，video 元素支持三种视频文件格式：MP4、WebM 和 Ogg。不同浏览器支持的视频格式如表 4-6 所示。

表 4-6　浏览器支持的视频格式

浏　览　器	MP4	WebM	Ogg
Internet Explorer	yes	no	no
Chrome	yes	yes	yes
FireFox	yes	yes	yes
Safari	yes	no	no
Opera	yes	yes	yes

基本语法如下：

```
<videosrc="URL" controls="controls"  autoplay="autoplay"  width=" 百分比 | 像素 "
height=" 百分比 | 像素 "loop="loop">
当前浏览器不支持 video 直接播放
</video>
```

属性 src/contrors/autoplay/loop 同 <audio> 元素一致：

- width=" 百分比 | 像素 "：设置视频播放器的宽度。
- height=" 百分比 | 像素 "：设置视频播放器的高度。

【案例 4.2.10】video 元素的使用（案例代码 \unit4\4.2.10.html）

```
<!DOCTYPE html>
```

```
<html>
    <head>
        <meta charset="UTF-8">
        <title> video 元素 </title>
    </head>
    <body>
        <video src="2022 冬奥海报 .mp4" controls="controls" autoplay="autoplay" loop="loop" width=
"400px" height="400px">
            当前浏览器不支持 video 直接播放
        </video>
    </body>
</html>
```

案例运行结果如图 4-11 所示。

图 4-11　video 元素的使用

4.2.4　HTML5 新增通用属性

HTML5 通用属性也称全局属性，是指任何元素中都可以使用的属性。HTML5 保留了 id、style、class、dir、title、lang、accesskey 等通用属性，也增加了 contenteditable、designMode、hidden 等通用属性。

1. contenteditable 属性

contenteditable 属性用于规定是否可编辑元素的内容。

HTML5 为大部分 HTML 元素增加了 contenteditable 属性。当 contenteditable 属性设为 true，即允许用户编辑元素中的内容，该元素必须是可以获得鼠标焦点的元素并且其内容不是只读的，而且在单击鼠标后要向用户提供一个插入符号，提示用户该元素的内容允许编辑。修改后的内容会直接显示在该页面上，要想保存其中的内容，只能把该元素的 innerHTML 发送到服务器端进行保存，否则，页面刷新，修改的内容将消失。

【案例 4.2.11】contenteditable 属性的使用（案例代码 \unit4\4.2.11.html）

```
<!DOCTYPE html>
<html>
    <head>
        <meta charset="UTF-8">
        <title>contenteditable 属性 </title>
        <style>
            div{    height:50px;border:1px solid black;}
        </style>
```

```
        </head>
        <body>
            <h3> 可编辑的层 </h3>
            <div contenteditable="true"> 层的内容可以改变 </div>
            <h3> 不可编辑的层 </h3>
            <div> 层的内容可以改变 </div>
            <h3> 可编辑输入框 </h3>
            <input type="text"  value=" 内容可以改变 "  contenteditable="true" />
            <h3> 不可编辑输入框 </h3>
            <input type="text"  value=" 内容不可以改变 "  contenteditable="true"  readonly="readonly"  />
        </body>
    </html>
```

案例运行结果如图 4-12 所示。

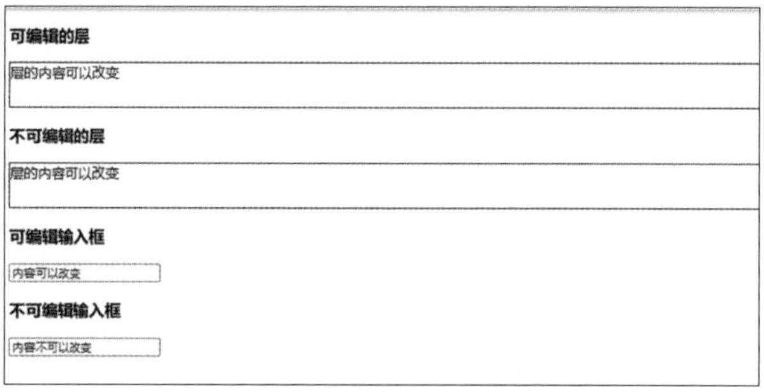

图 4-12　contenteditable 属性的使用

在案例 4.2.11 中，我们在可编辑的层和可编辑输入框中获得鼠标焦点后，内容可以被修改，但下面的层应取默认 contenteditable="false"，输入框设置为只读，因而内容不可以修改。

2. designMode 属性

designMode 属性相当于一个全局的 contenteditable 属性，如果将 designMode 的值设置为 on，则页面上所有支持 contenteditable 属性的元素都会变成可编辑状态（元素设置为只读的除外），designMode 属性默认为 off。严格来讲，designMode 属性只能用 JavaScript 修改。

【案例 4.2.12】designMode 属性的使用（案例代码 \unit4\4.2.12.html）

```
<!DOCTYPE html>
<html>
    <head>
        <meta charset="UTF-8">
        <title>designMode 属性 </title>
        <style>
            div{ height:50px;border:1px solid black;}
        </style>
    </head>
    <body>
        <script>
            document.designMode="on";
        </script>
        <h3> 可编辑的层 </h3>
        <div> 层的内容可以改变 </div>
```

```
            <h3> 可编辑输入框 </h3>
                <input type="text"    value=" 内容可以改变 " />
                <h3> 不可编辑输入框 </h3>
                <input type="text"    value=" 内容不可以改变 "    readonly="readonly"   />
        </body>
</html>
```

案例运行结果如图 4-13 所示。

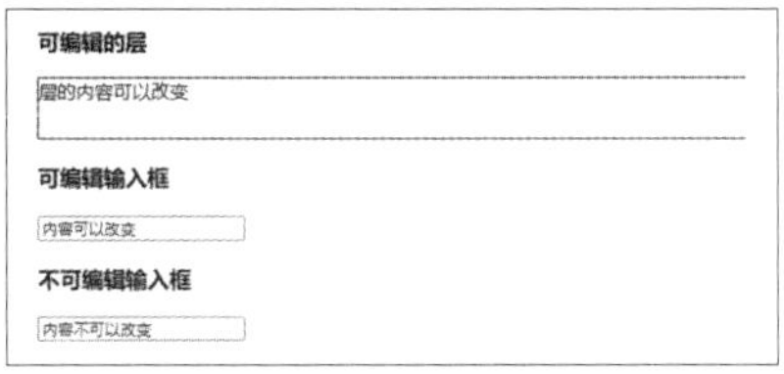

图 4-13　designMode 属性的使用

在案例 4.2.12 中，我们在可编辑的层和可编辑输入框中获得鼠标焦点后，内容可以被修改，但最后的输入框设置为只读，因而内容不可以修改。

3. hidden 属性

HTML5 的所有元素都有 hidden 属性，设置后相当于 CSS 中的 {diplay:none}。

```
<p hidden="hidden"> 这个段落应该被隐藏。</p>
<p > 这个段落应该显示 </p>
```

在线练习

扫描右边的二维码进行在线练习，可以帮助初学者掌握 HTML5 新增元素及通用属性。

4.2 在线练习

4.3　HTML5 智能表单

表单，通过浏览器向服务器传送数据，是页面与 Web 服务器交互过程中最重要的信息来源。HTML5 不仅为原有表单元素、控件新增了一些属性，还增加了一些新的元素，极大地增强了 HTML5 表单的功能。

首先介绍 HTML5 新增的一个表单相关重要属性：form 属性。HTML5 之前，表单元素都必须放在 <form> 标签里，否则，当提交表单时，放在 <form> 标签外面的表单元素的输入信息不会被一起提交。在 HTML5 中，则可以把表单元素如 input、select、textarea 等放在 <form> 标签之外的网页任何位置，然后给表单元素添加一个 form 属性，属性值为所希望一起提交信息的 <form> 标签的 id，示例代码如下：

```
<form action="#"    method="get"   id="test">
    名字：<input type="text" name="name" />
        <input type="submit"    value=" 提交 " />
</form>
        密码：<input type="password" name="password" form="test" />
```

上述代码在表单提交后，可以在浏览器地址栏中看到输入的参数信息，如图 4-14 所示，表明表单之外的"密码"信息和表单之内的"名字"信息一起被提交给服务器端。

图 4-14　使用 form 属性的表单提交效果

注意：在 <form> 标签里面的表单元素可以不用添加 form 属性。

4.3.1　input 元素新增 type 类型

1.color 类型

它用来创建一个允许用户使用颜色的选择器，或输入兼容 CSS 语法的颜色代码的区域。基本语法如下：

```
<input type="color"　name=" 名称 " />
```

用户使用 color 新型表单控件可以通过鼠标在调色板上自由地选择颜色。

【案例 4.3.1】color 类型的使用（案例代码 \unit4\4.3.1.html）

```
<!DOCTYPE html>
<html>
  <head>
      <meta charset="UTF-8">
      <title>color 类型 </title>
  </head>
  <body>
      <form action="#">
          选择颜色：
          <input type="color"　name="Chinese-red"　value="" />
          <input type="submit" />
      </form>
  </body>
</html>
```

案例在 Chrome 浏览器中的运行结果如图 4-15 所示。

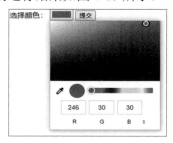

图 4-15　color 类型的使用

上例中 value 的默认值为 #000000，通过 value 属性值可以更改默认颜色。

2. 日期和时间类型

在 HTML5 之前日期和时间需要另外编程插入能选择日期和时间的控件，现在 HTML5 提供了多种新的日期和时间输入表单控件 Date Pickers，用户可以方便地通过鼠标选择日期和时间。

基本语法如下：

```
<input type=" date, month, week ..." />
```

在表 4-7 中，列出了可供使用的日期和时间的 type 属性值。

表 4-7　时间和日期类型

type 属性值	说　　明
date	选取日、月、年
month	选取月、年
week	选取周和年
time	选取时间（小时和分钟）
datetime	选取时间、日、月、年（UTC 时间）
datetime-local	选取时间、日、月、年（本地时间）

在表 4-7 中，UTC 是指整个地球分为二十四时区，每个时区都有自己的本地时间。在国际无线电通信场合，为了统一起见，使用一个统一的时间，称为通用协调时（UTC，Universal Time Coordinated）。北京时区是东八区，领先 UTC 八个小时。

如下案例中添加了多个 input 元素，分别指定 type 属性值为时间和日期类型。

【案例 4.3.2】时间和日期类型的使用（案例代码 \unit4\4.3.2.html）

```html
<!DOCTYPE html>
<html>
    <head>
        <meta charset="UTF-8">
        <title> 时间日期类型的使用 </title>
    </head>
    <body>
        <form action="#">
            <input type="date" /><br />
            <input type="time" /><br />
            <input type="week" /><br />
            <input type="month" /><br />
            <input type="datetime" /><br />
            <input type="datetime-local" /><br />
        </form>
    </body>
</html>
```

案例在 Chrome 浏览器中的运行结果如图 4-16 所示。

图 4-16　时间和日期类型的使用

119

用户可以直接向输入框中输入内容，也可以单击输入框之后的按钮进行选择。如单击
<input type ="datetime-local"> 按钮时如图 4-16 所示。

注意：对于浏览器不支持的 input 元素输入类型，将会在网页中显示为一个普通的输入框。如上例中的 <input type ="datetime"> 控件在 Chrome 浏览器中仅显示为一个输入框。

3. email 类型

email 类型的 input 元素专门用于输入 E-mail 地址的文本输入框，当提交数据时，会对输入的邮箱地址值自动进行校验，如果输入不符合格式就会给出提示。如果指定了 multiple 属性，用户还可以输入多个 E-mail 地址，每个 E-mail 地址之间要用逗号（半角英文）隔开。

基本语法如下：

```
<input   type="email"   />
```

如下案例中添加了单个邮箱和多个邮箱进行输入验证。

【案例 4.3.3】input 元素的 email 类型（案例代码 \unit4\4.3.3.html）

```
<!DOCTYPE html>
<html>
    <head>
        <meta charset="UTF-8">
        <title>input 元素的 email 类型 </title>
    </head>
    <body>
        <form action="#">
            单个邮箱: <input type="email" /><br />
        多个邮箱: <input type="email" multiple="multiple" /><br />
        <input type="submit" />
        </form>
    </body>
</html>
```

案例在 Chrome 浏览器中的运行结果如图 4-17 所示。

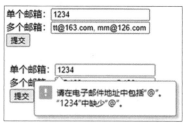

图 4-17   input 元素的 email 类型

图 4-17 中单击"提交"按钮后，单个邮箱因不符合格式而给出提示信息。

4. 数字类型

要在 HTML5 中输入整数，有两种数值控件 number 和 range 可以实现，两种类型的不同之处在于页面中的展示形式，number 类型在页面中以文本框加上下调节按钮微调控件显示，而 range 类型以滑动条的形式展示数字，通过拖动滑块实现数字的改变。在提交表

单时，会自动检查文本框中的内容是否为数字，如果输入的内容不是数字或者数字不在限定范围内，则会出现提示。

基本语法如下：

<input type="number| range" max=" 最大值 "min=" 最小值 " value =" 初值 " step=" 步长 " />

语法中具体的属性说明如下。

- value: 设定打开时的初始值。
- max: 设置输入数值的最大值。
- min: 设置输入数值的最小值。
- step: 设置输入数值的间隔，默认值为 1。

input 元素用于提供输入数值的文本框。

【案例 4.3.4】input 元素的数字类型（案例代码 \unit4\4.3.4.html）

```
<!DOCTYPE html>
<html>
    <head>
        <meta charset="UTF-8">
        <title>input 元素的数字类型 </title>
    </head>
    <body>
        <form action="#">
            输入 0-50 之间的数字，步长为 5：
            <input type="range" value="25" max="50" min="0" step="5" /><br />
            输入 0-100 之间的数字，步长为 10：
            <input type="number" value="50" max="100" min="0" step="10" /><br />
            <input type="submit" />
        </form>
    </body>
</html>
```

案例在 Chrome 浏览器中的运行结果如图 4-18 所示。

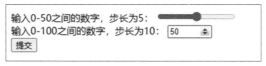

图 4-18　input 元素的数字类型

注意：上例中拖动滑块或按下调节按钮，数字会按设定的步长而改变。

5. search\url\tel 类型

- search 类型是一种用于输入搜索关键词的文本框，它能自动记录一些字符。在用户输入内容后，其右侧会附带一个删除图标，单击这个图标可以快速清除内容。
- url 类型用于输入 URL 地址的文本框，如果所输入的内容是 URL 格式的文本（如：https://www.sina.com.cn/），则会提交数据到服务器；如果输入的值不符合 URL 地址格式，则不允许提交，并会提示错误信息。
- tel 类型用于提供输入电话号码的文本框，因世界各地的电话号码差别很大，因此通常会和 pattern 属性配合使用，用正则表达式界定输入的合格性。

【案例 4.3.5】input 元素 search\url\tel 类型（案例代码 \unit4\4.3.5.html）

```html
<!DOCTYPE html>
<html>
  <head>
      <meta charset="UTF-8">
      <title> input 元素 search\url\tel 类型 </title>
  </head>
  <body>
      <form action="#">
          输入搜索关键字：
          <input type="search" /><br />
          输入合法的网址：
          <input type="url" /><br />
          输入合法的电话号码：
          <input type="tel"    pattern="^\d{11}"/><br />
          <input type="submit" />
      </form>
  </body>
</html>
```

案例在 Chrome 浏览器中的运行结果如图 4-19 所示。

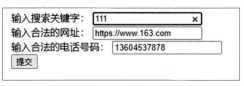

图 4-19　input 元素 search\url\tel 类型

注意：示例中的 tel 类型的 pattern 属性的正则表达式限定输入 11 位的数字。

4.3.2　表单新增属性

HTML5 为表单控制增加了大量的属性，通过设置表单的属性可以实现如表单验证等表单功能，提高了 Web 设计的效率。本节中将以 <input> 标签新增的属性为例进行讲解。

1. placeholder 属性

placeholder 属性可以在输入域内显示一段提示语句，描述输入域期待用户输入怎样的内容，当输入域获得焦点时自动消失，让用户输入自己的内容。placeholder 属性适用于表单控件形式，类似文本框，如 text、url、tel、password 等。

基本语法如下：

```html
<input    type=" 属性值 "    placeholder=" 提示文本 " />
```

2. autofocus 属性

autofocus 属性可以让页面的某个表单元素在页面加载完成后自动地获得焦点。一个表单中，应该只有一个元素含有这个属性。

基本语法如下：

```html
<input    autofocus=" autofocus"/>
```

3. required 属性

required 属性用于规定输入框填写的内容不能为空，否则不允许提交表单，但不负责验证数据是否合法。对于表单中的必填项都要设置这个属性。需要注意的是，该属性在 novalidate 属性的 form 元素内不生效。

基本语法如下：

```
<input    required ="required" />
```

【案例 4.3.6】placeholder/required/autofocus 属性设置（案例代码 \unit4\4.3.6.html）

```
<!DOCTYPE html>
<html>
    <head>
        <meta charset="UTF-8">
        <title>placeholder/required/autofocus 属性设置 </title>
    </head>
    <body>
        <form action="#" method="get">
            姓名 :<input type="text" placeholder=" 请输入用户姓名 " required="required"
autofocus="autofocus" /><br /><br />
            电话 :<input type="text" placeholder=" 请输入电话号码 "    /><br /><br />
            <input type="submit" value=" 提交 " />
        </form>
    </body>
</html>
```

案例运行结果如图 4-20 所示。

图 4-20　placeholder/required/autofocus 属性设置

本例中，姓名和电话输入框都有提示信息，因为二者都使用了 placeholder 属性设置，同时姓名输入框页面打开时自动获得了焦点，因为它使用了 autofocus 属性。提交时，如果不输入用户名会出现提示信息，因为姓名输入框设置了 required 属性，但电话框为空不影响表单的提交，如图 4-21 所示。

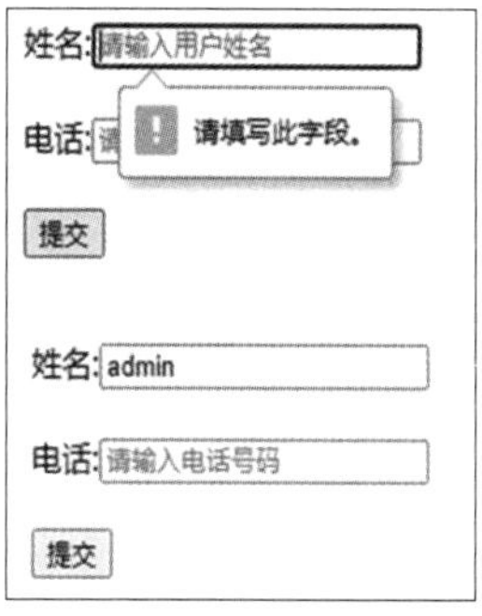

图 4-21　表单提交时的示例

4. novalidate 属性

novalidate 属性适用于 form 元素及其下部分标签，当 form 元素设置 novalidate 属性时，提交表单时不对其进行验证。

基本语法如下：

```
<form novalidate="novalidate">
```

【案例 4.3.7】novalidate 属性设置（案例代码 \unit4\4.3.7.html）

```html
<!DOCTYPE html>
<html>
  <head>
      <meta charset="UTF-8">
      <title>novalidate 属性设置 </title>
  </head>
  <body>
      <form action="#" method="get" novalidate="novalidate">
          姓名 :<input type="text" placeholder=" 请输入用户姓名 " required="required" autofocus="autofocus" /><br /><br />
          电话 :<input type="text" placeholder=" 请输入电话号码 "   /><br /><br />
          <input type="submit" value=" 提交 " />
      </form>
  </body>
</html>
```

对比案例 4.3.6，案例 4.3.7 只是在 <form> 标签中添加了 novalidate="novalidate" 属性设置，但表单提交时不对其进行验证。

案例运行结果如图 4-22 所示。

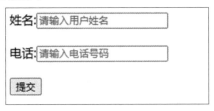

图 4-22　novalidate 属性设置

5. pattern 属性

pattern 属性用于验证 input 类型输入框，相当于给输入框加一个验证模式，这个验证模式是一个正则表达式，用户输入的内容与所定义的正则表达式必须相匹配，如果不匹配，则提示错误信息。常用的正则表达式和说明示例如表 4-8 所示。

表 4-8　常用的正则表达式和说明示例

正则表达式	说　　明
^[0-9]*$	数字
^\d{n}$	n 位数字
^ [u4e00-u9fa5]	汉字
^\d{3}-\d{8}|\d{4}-\d{7} $	国内电话号码

续表

正则表达式	说　　明
^\d{15}|d{18} $	身份证号（15 位、18 位）
^[a-zA-Z][a-zA-Z0-9_]{4,15}$	字母开头，允许 5 ～ 16 字节，允许字母、数字、下画线
^\w+([-+.]w+)*@w+([-.]w+)*.w+([-.]w+)*$	E-mail 地址
^http://([w-]+.)+[w-]+(/[w-./?%&=]*)?$	Internet URL

【案例 4.3.8】pattern 属性设置（案例代码 \unit4\4.3.8.html）

```
<!DOCTYPE html>
<html>
  <head>
      <meta charset="UTF-8">
      <title>pattern 属性设置 </title>
  </head>
  <body>
      <form action="#">
          输入用户名：<input type="text"    pattern="^[a-zA-Z][a-zA-Z0-9_]{4,15}$ " /><br />
          <input type="submit"    value=" 提交 " /><br /><br /><br /><br /><br /><br />
          以字母开头，允许 5-16 字节，允许字母数字下画线
      </form>
  </body>
</html>
```

案例的运行结果如图 4-23 所示，为"输入用户名"设置了 pattern 属性，要求以字母开头，输入错误时会提示"请与所请求的格式保证一致"。

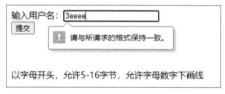

图 4-23　pattern 属性设置

注意：相关正则表达式规则，可参考有关资料。

6. autocomplete 属性

autocomplete 属性规定 <form> 或是部分 <input> 类型是否应该启用自动完成功能。

自动完成功能允许浏览器预测对字段的输入。当用户在字段开始输入时，浏览器基于之前输入过的值，应该显示出在字段中填写的条目，从而能够快速地完成选取输入。其应用范围为 <form> 及 <input> 类型 text、search、url、email、password 等。

属性值：on——默认，启动自动完成；off——禁用自动完成。

基本语法如下：

```
<input ...    autocomplete="off"    />
```

【案例 4.3.9】autocomplete 属性设置（案例代码 \unit4\4.3.9.html）

```
<!DOCTYPE html>
```

```
<html>
   <head>
        <meta charset="UTF-8">
        <title>autocomplete 属性设置 </title>
   </head>
   <body>
        <form action="#"    method="post">
             电话：<input type="tel" placeholder=" 请输入电话 "   />
             邮箱地址：<input type="text" placeholder=" 请输入邮箱 " autocomplete="off" />
             <input type="submit" value=" 提交 " />
        </form>
   </body>
</html>
```

案例在 IE 浏览器中的运行结果如图 4-24 所示。

图 4-24   autocomplete 属性设置

上例中电话输入框会出现之前输入的值，但邮箱地址不会出现。

注意：在某些浏览器中，可能需要手动启用自动完成功能。

7. list 属性

list 属性可以将文本框与 <datalist> 数据项绑定在一起，实现一个下拉提示框，用户可以手动或从下拉列表中选择。

datalist 元素用于定义一个选项列表，与 select 元素的语法相近，内嵌 option 元素创建列表中的选项。但 datalist 元素不会显示在页面上，而是为其他元素的 list 属性提供数据。当用户在文本框输入信息时，会自动显示下拉列表，供用户快速选择。

【案例 4.3.10】list 属性设置（案例代码 \unit4\4.3.10.html）

```
<!DOCTYPE html>
<html>
   <head>
        <meta charset="UTF-8">
        <title>list 属性设置 </title>
   </head>
   <body>
        <form action="#">
             请选择要到达的城市：<input type="text" list="cityList" />
             <datalist   id="cityList">
                  <option value=" 北京 "    label =" 北京市 ">
                  <option value=" 哈尔滨 " label =" 黑龙江省 ">
                  <option value=" 成都 "    label =" 四川省 ">
             </datalist>
             <input type="submit" />
        </form>
```

```
    </body>
</html>
```

案例运行结果如图 4-25 所示。

图 4-25　list 属性设置

示例的要领是：① <input> 标签 list 属性值一定要与 <datalist> 标签 id 值一致；②文本框输入的是 <option> 标签中的 value 属性值，lable 的值只会显示在 value 后面作为提示信息。

8. spellcheck/maxlength/wrap 属性

spellcheck 属性规定是否必须对元素进行拼写或语法检查。用了 spellcheck 属性，浏览器会帮助检查 HTML 元素文本内容拼写是否正确，只有当 HTML 元素处在可编辑状态，sepllcheck 属性才有意义，所以一般只针对类型为 text 的 <input> 标签中的值（非密码）\<textarea> 文本域用户输入的内容进行拼写和语法检查，拼写错误则有红色的波浪下画线，右键单击会给出提示。

maxlength 和 warp 属性是针对 <textarea> 多行文本框新增的两个属性。

maxlength 属性规定在文本区域中允许的最大字符数，超过范围的字符将不被输入。

基本语法如下：

```
<textareamaxlength="number">
```

warp 属性规定在表单提交时文本区域中的文本是如何换行的。

基本语法如下：

```
<textarea wrap="soft|hard">
```

属性值说明如下。

● soft: 默认，在到达元素最大宽度的时候，换行显示，但不会自动插入换行符，也就是提交表单时没有换行符。

● hard: 在表单提交时，textarea 中的文本将换行（包含换行符）。当使用"hard"时，必须指定 cols 属性。

【案例 4.3.11】spellcheck/maxlength/wrap 属性设置（案例代码 \unit4\4.3.11.html）

```
<!DOCTYPE html>
<html>
    <head>
        <meta charset="UTF-8">
        <title>spellcheck/maxlength/wrap 属性设置 </title>
    </head>
    <body>
```

```
        <form action="#" method="get">
            <textarea   cols="10" rows="10" maxlength="20" spellcheck="true"> </textarea>
            <textarea   cols="10" rows="10" maxlength="5" spellcheck="false"> </textarea>
            <textarea   cols="10" rows="10" wrap="hard"></textarea>
            <input type="submit"/>
        </form>
    </body>
</html>
```

案例运行结果如图 4-26 所示。

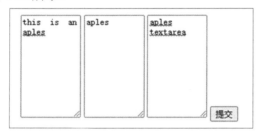

图 4-26   spellcheck/maxlength/wrap 属性设置

上例中第一个多行文本框中的 aples 字符拼写检查后出现了提示的红色的波浪线，第二个多行文本框中取消了拼写检查，无提示出现，第三个多行文本框是提交前的状态。

9. formenctype

formenctype 属性规定当表单数据提交到服务器时如何编码（仅适用于 method="post" 的表单）。formenctype 属性覆盖 form 元素的 enctype 属性。formenctype 属性应与 type="submit" 和 type="image" 配合使用。

基本语法如下：

```
<input  formenctype = "value">
```

属性值说明如下。

- application/x-www-form-urlencoded: 默认。在发送前对所有字符进行编码。将空格转换为 "+" 符号，特殊字符转换为 ASCII HEX 值。
- multipart/form-data: 不对字符编码。当使用有文件上传控件的表单时，该值是必需的。
- text/plain: 将空格转换为 "+" 符号，但不编码特殊字符。

10. formtarget 属性

formtarget 属性覆盖 form 元素的 target 属性。该属性要与 type="submit" 及 type="image" 配合使用。

基本语法如下：

```
<input type="submit|image"   formtarget = "value">
```

属性值说明如下。

- _blank：在新窗口 / 选项卡中将表单提交到文档。
- _self：在同一框架中将表单提交到文档（默认）。
- _parent：在父框架中将表单提交到文档。

● _top：在整个窗口中将表单提交到文档。

在 HTML5 之前的表单中，一个 <form> 只能有一个 action 目标地址，对应一个提交按钮。在 HTML5 中，可以对多个提交按钮分别使用 formtarget 属性来指定提交后在何处打开所需要加载的页面。即一个表单可以有两个以上的提交按钮，而且每个提交按钮提交的地址也可以不同。

【案例 4.3.12】formtarget 属性设置（案例代码 \unit4\4.3.12.html）

```html
<!DOCTYPE html>
<html>
  <head>
      <meta charset="UTF-8">
      <title>formtarget 属性设置 </title>
  </head>
  <body>
      <form action="#" method="get">
      第一个名字 : <input type="text"   /><br />
      最后的名字 : <input type="text"   /><br />
      <input type="submit" value=" 提交 " />
      <input type="submit" formtarget="_blank" value=" 提交到新窗口 " />
      </form>
  </body>
</html>
```

案例运行结果如图 4-27 所示。

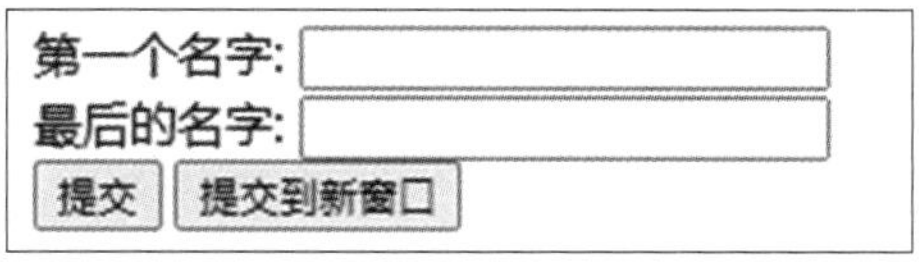

图 4-27 formtarget 属性设置

上例中，<form> 表单中有两个提交按钮，单击"提交"按钮，在当前页运行，单击"提交到新窗口"按钮，打开一个新窗口页面运行，因此每个提交按钮提交的地址可以不同。

在线练习

扫描下面的二维码进行在线练习，可以帮助初学者掌握 HTML5 智能表单的制作。

4.3 在线练习

单元 5　CSS3 新特性

CSS3 是 CSS 技术的最新升级版本，它在 CSS2 的基础上增加了很多强大的新功能。由于功能的加强，CSS3 能够减少标签的嵌套、图片的使用及脚本代码的编写，大大提高网页的执行性能。

 学习目标

- 了解 CSS3 的概念及模块化构成。了解 CSS3 新增选择器的种类，掌握它们的用法。
- 了解 CSS3 新增常用文本属性，掌握多列文本的设置，以及自定义字体的使用。
- 了解 CSS3 关于背景和边框新增的常用属性，掌握渐变色、边框圆角及边框阴影的设置。
- 了解 CSS3 盒子模型类型的设置，掌握弹性盒子布局的使用。
- 了解 CSS3 动效相关新增属性，掌握过渡、变形及动画的设置。

知识地图

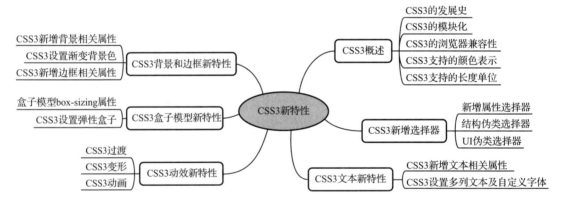

5.1　CSS3 概述

5.1.1　CSS3 的发展史

1. CSS1

1996 年 12 月，W3C 推出了 CSS 规范的第一个版本，较为全面地规定了网页文档的

显示样式。

2. CSS2.0

1998 年 5 月，CSS2.0 正式被推出。这个版本推荐的是内容和表现效果分离的方式，并开始使用样式表结构。

3. CSS2.1

2004 年 2 月，CSS2.1 正式被推出。它在 CSS2.0 的基础上略微做了改动，删除了许多不被浏览器支持的属性。

4. CSS3

2005 年 12 月，W3C 开始进行 CSS3 标准的制定，虽然完整的、规范权威的 CSS3 标准还没有尘埃落定，但是各主流浏览器已经开始支持其中的绝大部分特性。

5.1.2　CSS3 的模块化

CSS3 规范的一个新特点是被分为若干个相互独立的模块。这样一方面有利于及时调整模块内容，及时更新和发布；另一方面设备或者厂商也可以有选择地支持一部分模块，支持 CSS3 的一个子集，有利于 CSS3 的推广。因此，CSS3 规范的发布时间不是一个时间点，而是一个时间段。表 5-1 为截至 2021 年 1 月，CSS3 各模块的情况。

表 5-1　CSS3 的模块化开发

时　　间	模 块 名 称	最 后 状 态
1999.01.27 - 2019.08.13	文本修饰模块	候选推荐
1999.06.22 - 2018.10.18	分页媒体模块	工作草案
1999.06.23 - 2019.10.15	多列布局	工作草案
1999.06.22 - 2018.06.19	颜色模块	推荐
1999.06.25 - 2014.03.20	命名空间模块	推荐
1999.08.03 - 2018.11.06	选择器	推荐
2001.04.04 - 2012.06.19	媒体查询	推荐
2001.05.17 - 2020.12.22	文本模块	候选推荐
2001.07.13 - 2021.02.11	级联和继承	推荐
2001.07.13 - 2019.06.06	取值和单位模块	候选推荐
2001.07.26 - 2020.12.22	基本盒子模型	候选推荐
2001.07.31 - 2018.09.20	字体模块	推荐
2001.09.24 - 2020.12.22	背景和边框模块	候选推荐
2002.02.20 - 2020.11.17	列表模块	工作草案
2002.05.15 - 2020.08.27	行内布局模块	工作草案
2002.08.02 - 2018.06.21	基本用户面模块	推荐
2003.05.14 - 2019.08.02	生成内容模块	工作草案
2003.08.13 - 2019.07.16	语法模块	候选推荐
2004.02.24 - 2014.10.14	超链接显示模块	工作组笔记

续表

时　　间	模块名称	最后状态
2005.12.15 - 2015.03.26	模板布局模块	工作组笔记
2006.06.12 - 2014.05.13	分页媒体模块生成内容	工作草案
2008.08.01 - 2014.10.14	Marquee 模块	工作组笔记
2009.07.23 - 2020.12.17	图像模块	候选推荐
2010.12.02 - 2019.12.10	书写模式	推荐
2011.09.01 - 2020.12.08	条件规则模块	候选推荐
2012.02.07 - 2020.05.19	定位布局模块	工作草案
2012.02.28 - 2018.12.04	片段模块	候选推荐
2012.06.12 - 2020.04.21	盒子排列模块	工作草案
2012.09.27 - 2020.12.18	宽高大小模块	工作草案
2012.10.09 - 2017.12.14	计数器风格	候选推荐
2013.04.18 - 2020.06.03	溢出模块	工作草案
2014.02.20 - 2020.12.18	显示类型模块	候选推荐

5.1.3　CSS3 的浏览器兼容性

尽管各主流浏览器对 CSS3 的支持越来越完善，不同浏览器厂商、同一浏览器在不同版本及平台下对 CSS3 的支持或有不同。前端开发人员应当充分考虑 CSS3 新特性在不同浏览器之间的兼容性问题。

1．"Can I Use"网站介绍

关于浏览器兼容性问题，可以借助互联网查阅最新信息。这里介绍一个比较好用的"Can I Use"网站，该网站是一个开源项目，支持用户在其中对 HTML、CSS、JavaScript 等涉及的 Web 新特性进行浏览器兼容情况查询。查询结果以简单直观的图表形式列出，包括不同的浏览器、浏览器的不同版本及不同颜色代表的浏览器支持情况（例如，绿色代表支持，红色代表不支持，灰色代表支持情况未知等）。

举例说明，图 5-1 列出了在"Can I Use"网站中查询 CSS3 的新增属性"border-radius"的浏览器支持情况。可以看到，图中列出的浏览器还包括一些手机平板设备的浏览器（例如，Android 系统浏览器）。在设计网站时，了解清楚 CSS3 新特性的浏览器兼容情况之后，就可以根据网站的目标用户有选择地使用它们。

2．浏览器私有前缀

各主流浏览器都定义了一些私有属性，以便让用户提前体验 CSS3 的新特性。由于这些属性尚未由 W3C 组织发布为标准属性，是浏览器专属的属性，为了让浏览器能识别它们，因此需要在这些私有属性前增加各自的浏览器私有前缀。主流浏览器的私有前缀如下：

- Safari、Chrome 浏览器的私有属性以 -webkit- 前缀开始。
- Firefox 浏览器的私有属性以 -moz- 前缀开始。
- IE 浏览器的私有属性以 -ms- 前缀开始。
- Opera 浏览器的私有属性以 -o- 前缀开始。

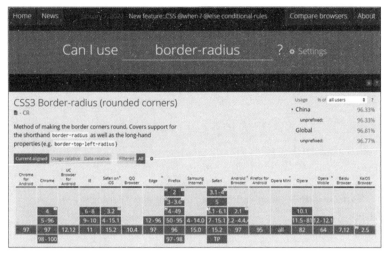

图 5-1　"border-radius" 属性的浏览器支持情况

以 CSS3 新增属性 "transform" 为例，带浏览器私有前缀的代码书写如下：

```
-webkit-transform:rotate(-5deg);
-moz-transform:rotate(-5deg);
-ms-transform:rotate(-5deg);
-o-transform:rotate(-5deg);
transform:rotate(-5deg);
```

注意：运用 CSS3 私有属性时，要遵从一定的书写顺序，即先写私有的 CSS3 属性，再写标准的 CSS3 属性。当一个 CSS3 属性成为标准属性，并且被主流浏览器普遍兼容时，就可以省略私有前缀的书写。

5.1.4　CSS3 支持的颜色表示

1.　用颜色的英文单词表示

如 white、red、green、yellow、gold 等。

2.　用十六进制的颜色值表示

如 #F00、#70AD47 等。3 位或 6 位十六进制颜色值的区别在于：前者用 1 位表示红绿蓝三原色的值，后者用 2 位表示红绿蓝三原色的值。

3.　用 rgb(r,g,b) 函数表示

r、g、b 三个参数分别定义红色、绿色及蓝色的颜色强度，可以是介于 0~255 之间的整数，或者是百分比值（从 0% 到 100%），如 rgb(255,0,255)、rgb(0%,50%,50%)。

4.　用 hsl(h,s,l) 函数表示

hsl 模式基于一个 360 度的色相环。h 参数代表色调，取值介于 0~360 之间，0（或 360）代表红色，120 代表绿色，240 代表蓝色，也可取其他数值来指定色调。s 和 l 参数分别表示饱和度和亮度，值为百分比，如 hsl(120,100%,50%)。

5.　用 rgba(r,g,b,a) 函数表示

rgba() 函数在 rgb() 函数的基础上，增加了一个参数 a，该参数代表的是颜色的透明度，取值在 0~1 之间，其中 0 代表完全透明，1 代表完全不透明，如 rgba(0,0,255,0.5)。

6. 用 hsla(h,s,l,a) 函数表示

该函数同样在 hsl () 函数的基础上，增加了代表颜色透明度的参数 a，取值在 0~1 之间，如 hsla(60,100%,50%,0.5)。

【案例 5.1.1】CSS3 的颜色表示方法（案例代码 \unit5\5.1.1.html）

```html
<!DOCTYPE html>
<html>
    <head>
        <meta charset="UTF-8">
        <title>5.1.1 CSS3 的颜色表示方法 </title>
        <style>
            h3,div {width: 500px;margin: 20px auto;text-align: center;        }
        </style>
    </head>
    <body>
        <h3>CSS3 的颜色表示方法 </h3>
        <div>
            <p style="background-color:yellow;">background-color:yellow</p>
            <p style="background-color:#F00;">background-color:#F00</p>
            <p style="background-color:#70AD47;">background-color:#f70AD47</p>
            <p style="background-color:rgb(255,0,255);">background-color: rgb(255,0,255)</p>
            <p style="background-color:rgb(0%,50%,50%);">background-color: rgb(0%,50%,50%)</p>
            <p style="background-color:hsl(120,80%,50%);">background-color: hsl(120,80%,50%)</p>
            <p style="background-color:rgba(0,0,255,0.5);">background-color: rgba(0,0,255,0.5)</p>
            <p style="background-color:hsla(60,100%,50%,0.5);">background-color:
hsla(60,100%,50%,0.5)</p>
        </div>
        <body>
    </html>
```

案例运行结果如图 5-2 所示。

图 5-2　CSS3 的颜色表示方法

5.1.5　CSS3 支持的长度单位

CSS 中许多样式属性的值是一个长度值，如 width、height、margin、padding、offset 等，CSS3 支持多种长度单位，大体可分为以下两类。

● 绝对长度单位：固定值，不会因为其他元素的尺寸变化而变化。

● 相对长度单位：没有一个固定的度量值，而是由其他元素尺寸来决定的相对值。

CSS3 支持的主要长度单位如表 5-2 所示。

表 5-2　CSS3 支持的主要长度单位

单　位	类　型	简　介
px	绝对单位	像素（Pixel），是相对于屏幕分辨率的，一般 Windows 用户使用的分辨率是 96 像素 / 英寸，mac 用户使用的分辨率是 72 像素 / 英寸
in	绝对单位	英寸（Inch），1in=2.54cm
cm	绝对单位	厘米（Centimeter），1cm = 1/2.54in
mm	绝对单位	毫米（Millimeter），1mm = 0.1cm
pt	绝对单位	点（Point），1pt = 1/72in
pc	绝对单位	派卡（Pica），1pc = 12pt
%	相对单位	相对于父元素的相同属性的大小
em	相对单位	相对于父元素的字体大小
rem	相对单位	相对于根元素（HTML 元素）的字体大小
ex	相对单位	当前字体环境中 x 字母的高度
ch	相对单位	当前字体环境中 0 数字的高度
vw	相对单位	1% 视口（浏览器可视区域）的宽度
vh	相对单位	1% 视口（浏览器可视区域）的高度
vmin	相对单位	vw 和 vh 中比较小的值
vmax	相对单位	vw 和 vh 中比较大的值

【案例 5.1.2】rem 与 em 的区别（案例代码 \unit5\5.1.2.html）

```
<!DOCTYPE html>
<html>
    <head>
        <meta charset="UTF-8">
        <title>5.1.2 rem 与 em 的区别 </title>
        <style>
            p{font-size: 1.2rem;}
            div {font-size: 1.2em;}
        </style>
    </head>
    <body>
        <p>em 和 rem 的区别 </p>
        <p> 两者都是基于字体尺寸的，区别在于 em 是相对于当前父元素的字体大小为标准，而
rem 是相对于根元素（html 元素）的字体大小为标准。</p>
        <div>
            我是爷爷
```

```
        <div>
            我是父亲
            <div> 我是孙子 </div>
        </div>
    </div>
  <body>
</html>
```

案例运行结果如图 5-3 所示。

图 5-3 rem 与 em 的区别

【思考】

本案例中，无论作为根元素的 html 元素或者作为父元素的 body 元素，都没有定义字体大小。那么，浏览器会为它们指定默认字体大小吗？一般是多少？

 在线练习

扫描右边的二维码进行在线练习，可以帮助初学者了解 CSS3 有关基本概念。

5.1 在线练习

5.2 CSS3 新增选择器

在 CSS 中，通过选择器设置选取页面元素的模式。CSS3 在原有的选择器的基础上，新增了许多新的选择器，灵活使用它们可以减少代码中 id 属性和 class 属性的定义，降低代码的冗杂度，实现更便捷的开发。

5.2.1 新增属性选择器

属性选择器根据元素的属性及属性值的情况来选择元素。CSS3 中新增了 3 种属性选择器，如表 5-3 所示。

表 5-3 CSS3 新增属性选择器

选　择　器	说　　　明
E[foo^="bar"]	匹配 E 元素，该元素包含 foo 属性，且 foo 属性值以 " bar " 开头。在省略 E 元素名的情况下，表示可匹配任意类型的元素
E[foo$="bar"]	匹配 E 元素，该元素包含 foo 属性，且 foo 属性值以 " bar " 结尾。在省略 E 元素名的情况下，表示可匹配任意类型的元素
E[foo*="bar"]	匹配 E 元素，该元素包含 foo 属性，且 foo 属性值包含 " bar " 字符串。在省略 E 元素名的情况下，表示可匹配任意类型的元素

【案例 5.2.1】🚩使用 CSS3 新增属性选择器（案例代码 \unit5\5.2.1.html）

```html
<!DOCTYPE html>
<html>
    <head>
        <meta charset="UTF-8">
        <title>5.2.1 CSS3 新增属性选择器 </title>
        <style>
            li {list-style-type: none;text-align: center;line-height: 30px;}
            li[style] {text-decoration: underline;}
            li[class=red] {color: red;}
            /*CSS3 中新增属性选择器    */
            li[class^=blue] {color: blue;}
            li[class$=blue] {font-style: italic;}
            li[class*=red] {color: hotpink;}
        </style>
    </head>
    <body>
        <p style="text-align: center;"> 爱国诗句摘抄 </p>
        <ul>
            <li class="redyellow" style="color:green;"> 捐躯赴国难，视死忽如归。——曹植 </li>
            <li class="blue"> 先天下之忧而忧，后天下之乐而乐。——范仲淹 </li>
            <li class="darkred" style=""> 三十功名尘与土，八千里路云和月。——岳飞 </li>
            <li class="bluegreen"> 王师北定中原日，家祭无忘告乃翁。——陆游 </li>
            <li class="red"> 人生自古谁无死，留取丹心照汗青。——文天祥 </li>
            <li class="cadetblue"> 祖国陆沉人有责，天涯飘泊我无家。——秋瑾 </li>
        </ul>
    </body>
</html>
```

案例运行结果如图 5-4 所示。

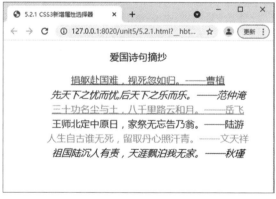

图 5-4　使用 CSS3 新增属性选择器

【思考】

● 标题行“爱国诗句摘抄”所在的 p 元素也具有 style 属性，为什么没有像其他具有
  style 属性的元素一样，具有“下画线”的效果？

● 第 1 行诗句“捐躯赴国难…”的颜色为什么是“green”，而不像其他 class 属性含有“red”
  字符串的元素一样是“hotpink”颜色？

137

● 倒数第 2 行诗句"人生自古谁无死…"所在的 li 元素同时满足"li[class=red]" 和"li[class*=red]"两个选择器，为什么最终呈现"hotpink"颜色，而不是"red" 颜色？

5.2.2　结构伪类选择器

CSS3 规范新增了许多结构伪类选择器，利用文档结构树实现元素过滤，通过元素之间的相互关系来匹配目标元素，从而减少 CSS 代码中 class 属性和 id 属性的定义，使得代码更加高效简洁。CSS3 的结构伪类选择器，如表 5-4 所示。

表 5-4　CSS3 结构伪类选择器

选　择　器	说　　明
E:root	选择匹配 E 所在文档的根元素。在（X）HTML 文档中，根元素就是 html 元素
E:empty	选择匹配 E 的元素，且该元素不包含子节点（包括文本）
child 系列	
E:first-child	选择匹配 E 的元素，且该元素是其父元素的第 1 个子元素 注：在 CSS2.0 中已定义
E:last-child	选择匹配 E 的元素，且该元素是其父元素的最后 1 个子元素
E:nth-child(n)	选择所有匹配 E，且在其父元素中第 n 个子元素位置的元素。 参数 n 可以是数字（1、2、3…）、关键字（odd、even）或表达式（2n+1、-n+5…），参数索引的起始值为 1 而非 0。 例如： tr:nth-child(3) 匹配表格中的第 3 行； tr:nth-child(odd) 匹配表格中的所有奇数行； tr:nth-child(even) 匹配表格中的所有偶数行； tr:nth-child(-n+3) 匹配表格中的前 3 行； 注：当参数是一个表达式时，n 从 0 开始，依次增 1，当表达式的值 <=0 时，取值无效
E:nth-last-child(n)	选择所有匹配 E，且在其父元素中倒数第 n 个子元素位置的元素。 注：参数 n 与 E:nth-child(n) 中参数 n 的语法和用法完全一样
E:only-child	选择匹配 E 的元素，且该元素是其父元素的唯一子元素
type 系列	
E:first-of-type	选择匹配 E 的元素，且该元素是其父元素的 E 类型的子元素中的第 1 个
E:last-of-type	选择匹配 E 的元素，且该元素是其父元素的 E 类型的子元素中的最后 1 个
E:nth-of-type(n)	选择所有匹配 E，且在其父元素的所有 E 类型子元素中，处于第 n 个子元素位置的元素。 注：参数 n 与 E:nth-child(n) 中参数 n 的语法和用法完全一样
E:nth-last-of-type(n)	选择所有匹配 E，且在其父元素的所有 E 类型子元素中，处于倒数第 n 个子元素位置的元素。 注：参数 n 与 E:nth-child(n) 中参数 n 的语法和用法完全一样
E:only-of-type	选择匹配 E 的元素，且该元素是其父元素的唯一 E 类型子元素
注：type 系列与 child 系列的区别在于，type 系列的情况下，所有匹配 E 的子元素会被分离出来单独排序，非 E 的子元素不参与排序	

【案例 5.2.2】使用 CSS3 结构伪类选择器（案例代码 \unit5\5.2.2.html）

```
<!DOCTYPE html>
<html>
```

```html
<head>
    <meta charset="UTF-8">
    <title>5.2.2 结构伪类选择器 </title>
    <style>
        *{margin: 0;padding: 0;}
        ul {list-style: none;
            width: 350px;height: 250px;margin: 50px auto;
            border: 3px solid grey;}
        ul>li {float: left;
            width: 50px;height: 50px;
            text-align: center;line-height: 50px;
            border: 1px solid grey;
            box-sizing: border-box;/* 设置每个 li 的宽高从 border 算起 50px*/
            background-color: pink;        }
        li:first-child {text-decoration: underline;}
        li:first-of-type {color: blue;}
        li:last-child {color: blue;}
        li:last-of-type {color: red;}
        li:nth-child(5) {color: red}
        li:nth-of-type(5) {color: yellow}
        /* 为第奇数个 li 元素添加样式 */
        li:nth-of-type(odd) {background-color: lightgreen;}
        /* 为第偶数个 li 元素添加样式 */
        li:nth-of-type(even) {background-color: orange;}
        /* 为前 5 个 li 元素添加样式 */
        li:nth-child(-n+5) {background-color: pink;}
        li:nth-of-type(-n+5) {font-size: 36px;}
        /* 为后 5 个 li 元素添加样式 */
        li:nth-last-child(-n+5) {font-size: 36px;}
        li:nth-last-of-type(-n+5) {background-color: green;}
        /* 为空元素 li 添加样式 */
        li:empty {background-color: lightgray;}
        /* 为 p 元素添加样式 */
        p:only-of-type{text-decoration:line-through}
    </style>
</head>
<body>
    <ul>
        <!--<p> 我是来捣乱的 ....</p>-->
        <li>1</li>        <li>2</li>        <li>3</li>        <li>4</li>
        <li>5</li>        <li>6</li>        <li>7</li>        <li>8</li>
        <li>9</li>        <li>10</li>        <li>11</li>        <li>12</li>
        <li>13</li>        <li>14</li>        <li>15</li>        <li>16</li>
        <li>17</li>
        <li></li><!-- 尝试加个空格后，效果如何？ -->
        <li>19</li>        <li>20</li>        <li>21</li>        <li>22</li>
        <li>23</li>        <li>24</li>        <li>25</li>        <li>26</li>
        <li>27</li>        <li>28</li>        <li>29</li>        <li>30</li>
        <li>31</li>        <li>32</li>        <li>33</li>        <li>34</li>
        <li>35</li>
        <p> 我是来捣乱的 ....</p>
```

```
        </ul>
    </body>
</html>
```

案例运行结果如图 5-5 所示。

图 5-5 使用 CSS3 结构伪类选择器

【思考】

● 若在第 1 个 li 元素之前，添加"<p> 我是来捣乱的 ....</p>"，运行效果会有哪些改变？
为什么？

● 若把最后 1 个 li 元素之后的 "<p> 我是来捣乱的 ....</p>"注释掉，运行效果会有
哪些改变？为什么？

● 若在第 18 个 li 元素的开始标签和结束标签 "<li></li>"之间加入空格，运行效果
会有哪些改变？为什么？

5.2.3 UI 伪类选择器

UI 伪类选择器，是指 UI 元素的样式只有当其处于某种状态时才起作用，否则不起作用。
UI 元素的状态包括可用、不可用、选中、未选中、获取焦点、失去焦点等。 UI 伪类选择
器大多是针对表单元素使用的。CSS3 中已经得到主流浏览器广泛支持的 UI 伪类选择器有
3 种，如表 5-5 所示。

表 5-5 CSS3 的 UI 伪类选择器

选 择 器	说 明
E:enabled	匹配用户界面上处于可用状态的元素 E
E:disabled	匹配用户界面上处于禁用状态的元素 E
E:checked	匹配用户界面上处于选中状态的元素 E 注：仅适用于单选按钮 radio 或复选框 checkbox

【案例 5.2.3】使用 CSS3 的 UI 伪类选择器（案例代码 \unit5\5.2.3.html）

```
<!DOCTYPE html>
<html>
    <head>
        <meta charset="UTF-8">
        <title>5.2.3 使用 CSS3 的 UI 伪类选择器 </title>
```

```
    <style>
        input[type="text"]:enabled {background-color:lightcyan;}
        input[type="text"]:disabled { background-color:blue;}
        input:checked{outline:2px solid blue; /*outline: 设置元素周围的轮廓 */}
    </style>
</head>
<body>
    <form>
        姓名: <input type="text" placeholder=" 请输入姓名 ..." ><br/>
        学校: <input type="text" placeholder=" 请输入学校 ..."><br/>
        国籍: <input type="text" placeholder=" 中华人民共和国 " disabled><br/>
        性别: <input type="radio" name="gender"/> 男
            <input type="radio" name="gender"/> 女 <br/>
        爱好: <input type="checkbox"/> 唱歌 <input type="checkbox"/> 游泳
            <input type="checkbox"/> 篮球
    </form>
</body>
</html>
```

案例运行结果如图 5-6 所示。

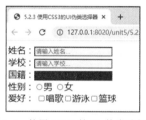

图 5-6　使用 CSS3 的 UI 伪类选择器

多学一招

　　CSS 3 新增的伪类选择器除了前面介绍的结构伪类选择器和 UI 伪类选择器，还包括目标伪类选择器及否定伪类选择器。其中，目标伪类选择器（:target）用于设置当前活动的带有锚链接的目标元素的样式；否定伪类选择器（:not）用于设置不满足某些匹配条件的元素的样式。读者可自行查阅资料掌握它们的用法。

 在线练习

　　扫描右边的二维码进行在线练习，可以帮助初学者掌握 CSS3 新增选择器的使用。

5.2 在线练习

5.3　CSS3 文本新特性

5.3.1　CSS3 新增文本相关属性

1. word-wrap 和 word-break 属性

word-wrap 属性用于规定是否允许一个长单词（或 URL 地址）内部进行换行。

语法格式：word-wrap: normal | break-word

● normal：只在允许的断字点换行（浏览器保持默认处理）。

● break-word：在长单词或 URL 地址内部进行换行。

word-break 属性用于规定非中日韩文本的断行方式。

语法格式：word-break: normal|break-all|keep-all;

● normal：使用浏览器默认的断行规则。

● break-all：允许在单词内断行。

● keep-all：只能在半角空格或连字符处断行。

下面通过具体案例来了解 word-wrap 和 word-break 这两个属性在文本换行方面的异同点。案例 5.3.1 的运行效果如图 5-7 所示。

【案例 5.3.1】长单词的换行处理（案例代码 \unit5\5.3.1.html）

```html
<!DOCTYPE html>
<html>
    <head>
        <meta charset="UTF-8">
        <title>5.3.1 长单词的换行处理 </title>
        <style>
            div {width: 300px;border: 1px solid black;}
            p:nth-of-type(1){/*word-wrap: normal;*/ /* 默认值可省略 */}
            p:nth-of-type(2){word-wrap: break-word;}
            p:nth-of-type(3){word-break:break-all;}
        </style>
    </head>
    <body>
        <h3> 长单词的换行处理 </h3>
        <div>
            <p>this is a veryveryveryveryveryverylongword.</p>
            <p>this is a veryveryveryveryveryverylongword.</p>
            <p>this is a veryveryveryveryveryverylongword.</p>
        </div>
    <body>
</html>
```

图 5-7　长单词的换行处理

从上面案例可以看出：word-wrap 属性与 word-break 属性的共同点是都能对长单词

进行强制换行。不同点在于：当前行的剩余宽度放不下一个长单词时，word-wrap:break-word 会首先起一个新行，若新的行还是放不下该长单词，则会对长单词进行强制换行；而 word-break:break-all 则不会为长单词另起一个新行，而是直接在当前行剩余宽度用完后强制断行，所以说它的作用侧重于决定断行句的方式。若想更加节省空间，建议使用 word-break:break-all。

2. text-overflow 属性

text-overflow 属性用于指定当文本溢出包含它的父元素时，该如何显示。

语法格式：text-overflow: clip|ellipsis|string|initial|inherit;

● clip：修剪文本。

● ellipsis：显示省略号来代表被修剪的文本。

● string：使用给定的字符串来代表被修剪的文本。

● initial：设置为属性默认值。

● inherit：从父元素继承该属性值。

注意：text-overflow 需要配合以下两个属性使用，否则该属性的设置效果不起作用。

● white-space: nowrap。

● overflow: hidden。

下面通过具体案例来了解 text-overflow 属性对文本溢出父容器情况的处理。案例 5.3.2 的运行效果如图 5-8 所示。

【案例 5.3.2】文本溢出父容器的处理（案例代码 \unit5\5.3.2.html）

```html
<!DOCTYPE html>
<html>
    <head>
        <meta charset="utf-8">
        <title>5.3.2 文本溢出父容器的处理 </title>
        <style>
            div{  width: 200px;border: 1px solid black;
                background-color: lightyellow;
                white-space: nowrap;overflow: hidden;        }
            div:nth-of-type(1){text-overflow:clip}
            div:nth-of-type(2){text-overflow:ellipsis;}
            div:nth-of-type(3){text-overflow:">>";}
            div:hover{overflow: visible;}
        </style>
    </head>
    <body>
        <h3> 观察文本溢出父容器的不同处理。</h3>
        <p>text-overflow:clip</p>
        <div>This is some long text that will not fit in the box</div>
        <p>text-overflow:ellipsis</p>
        <div >This is some long text that will not fit in the box</div>
        <p>text-overflow:"&gt;&gt;"( 自定义字符串只在 Firefox 浏览器下有效 )</p>
        <div>This is some long text that will not fit in the box</div>
    </body>
</html>
```

图 5-8　文本溢出父容器的处理

【思考】

● 文本溢出父容器时，若希望溢出部分以自定义字符串（例如：">>"）表示，需要使用什么浏览器？

● 光标经过每个 div 元素上时，div 中的文本有什么变化？为什么？

● 如果在 div 元素的样式设置中注释掉"white-space: nowrap;"这一行，案例运行效果有什么变化？为什么？

3. text-shadow 属性

text-shadow 属性用于为文本添加阴影，一次可为文本添加多个阴影，各阴影的设置之间用逗号分隔开来。

语法格式：text-shadow: h-shadow v-shadow blur color;

● h-shadow：必需，定义水平阴影的位置，允许负值。

● v-shadow：必需，定义垂直阴影的位置，允许负值。

● blur：可选，定义阴影的模糊距离。

● color：可选，定义阴影的颜色。

下面通过具体案例来讲解如何使用 text-shadow 属性来为文本设置阴影。

【案例 5.3.3】🚩使用 text-shadow 属性设置文本阴影（案例代码 \unit5\5.3.3.html）

```
<!DOCTYPE html>
<html>
    <head>
        <meta charset="utf-8">
        <title>5.3.3 使用 text-shadow 属性设置文本阴影 </title>
        <style>
            div {
                width: 500px; margin: 20px auto; padding: 20px;
                color: #fff; background-color: #666;
                font: bold 60px " 微软雅黑 "; text-align: center;
            }
            div:nth-of-type(1) {text-shadow: -2px -2px 5px red;}
            div:nth-of-type(2) {color: black;text-shadow: 1px 1px 0px #fff;}
            div:nth-of-type(3) {text-shadow: 0px 0px 30px yellow;}
            div:nth-of-type(4) {/* 多层阴影效果 */
```

```
                text-shadow:0px 0px 30px #fff, 0px 0px 50px red, 0px 0px 70px yellow;}
                div:nth-of-type(5)    { /* 浮雕立体效果 */
                text-shadow: -1px -1px 0px #eee, -2px -2px 0px #ddd, -3px -3px 0px #ccc;}
            </style>
        </head>
        <body>
            <div> 中华人民共和国 </div>
            <div> 中华人民共和国 </div>
            <div> 中华人民共和国 </div>
            <div> 中华人民共和国 </div>
            <div> 中华人民共和国 </div>
            <div> 中华人民共和国 </div>
        </body>
    </html>
```

案例 5.3.3 的运行效果如图 5-9 所示。

图 5-9   使用 text-shadow 属性设置文本阴影

【思政一刻】

　　🚩　新中国国名的由来：1949 年初夏，讨论新中国建国大计的中国人民政治协商会议开始筹备。全国人民对即将诞生的新国家倾注了极大的热情，围绕国名问题进行了热烈讨论。起初，在新政协筹委会组织条例中，提出了"中华人民民主共和国"的方案；也有代表提出了"中华人民民主国"的方案；最后，国名问题在中国人民政治协商会议第一届全体会议上取得一致意见，定为"中华人民共和国"。

5.3.2　CSS3 设置多列文本及自定义字体

1. CSS3 设置多列文本

CSS3 引入了支持多列布局的 column 系列属性，有了这些属性，无须再通过设置浮动、定位等手动方式，即可方便地创建像报纸杂志上那样的多列文本。CSS3 设置多列文本常用属性如表 5-6 所示。

表 5-6　CSS3 设置多列文本常用属性

属　　性	描　　述
column-count	指定文本被分割的列数
column-width	指定每列的宽度
columns	column-width 与 column-count 属性的简写
column-gap	指定两列间的间隙宽度，默认值为 1em
column-rule-width	指定两列间分隔线的厚度
column-rule-style	指定两列间分隔线的样式
column-rule-color	指定两列间分隔线的颜色
column-rule	以上 column-rule-* 属性的复合写法
column-span	指定元素横跨多少列

注意：多数时候，设置多列时只需使用 column-count 或 column-width 这两个属性中的一个即可。若同时设置了这两个属性，则按照"取大优先"的原则，即哪个属性设置下的列宽更宽，哪个属性设置就优先生效。

2. CSS3 设置自定义字体

CSS3 之前，网页呈现的字体效果受限于客户端操作系统是否安装有该字体，若没有则无法正常显示。CSS3 新增的 Web Fonts 功能，允许网页使用服务器端字体。通过 CSS3 的 @font-face 规则，可以自定义字体，并从服务器端将所需字体文件下载到客户端，从而正常显示一些客户端未安装的个性化字体。

```
@font-face 规则的语法：
@font-face {
    font-family:<YourWebFontName>;
    src:<source> [<format>] [,<source> [<format>]];
    ……/* 其他可选属性 */
}
```

● font-family：必选属性，为自定义字体取个名称。

● src：必选属性，自定义字体文件存放的路径，可以是文件路径或 URL。

注意：使用 @font-face 规则定义好自定义字体之后，还要为网页元素设置 font-family 属性来应用自定义字体。示例代码如下：

```
@font-face{
font-family:myFont;
src:url('rajdhani-bold.ttf')，url('rajdhani-bold.eot');
        }
p{ font-family: myFont;}
```

常见字体文件格式

- .eot：IE 专用字体，支持这种字体的浏览器有 IE4+。
- .ttf：Windows 和 mac 中最常见的字体，是一种 RAW 格式，支持的浏览器有 IE9+、Firefox3.5+、Chrome4+、Safari3+、Opera10+、iOS Mobile Safari4.2+。
- .woff：支持的浏览器有 IE9+、Firefox3.5+、Chrome6+、Safari3.6+、Opera11.1+。
- .svg：基于 SVG 字体渲染的一种格式，支持的浏览器有 Chrome4+、Safari3.1+、Opera10.0+、iOS Mobile Safari3.2+。

下面通过一个综合案例来了解 CSS3 中如何设置多列文本及使用自定义字体。

【案例 5.3.4】CSS3 设置多列文本及自定义字体（案例代码 \unit5\5.3.4.html）

```html
<!DOCTYPE html>
<html>
    <head>
        <meta charset="utf-8">
        <title>5.3.4 CSS3 设置多列文本及自定义字体 </title>
        <style>
            div {
                width: 800px; margin:20px auto; padding:20px;
                column-count: 3;
                column-gap: 50px;
                column-rule: 3px solid green;
                column-width: 100px; /* 分别改为 300px、600px，观察变化 */}
            @font-face {
                font-family: 'myFont';
                src:url('fonts/yegenyou.ttf');}
            h3 {
                text-align: center;
                column-span: all;
                font-family:'myFont';}
        </style>
    </head>
    <body>
        <div>
            <h3>CSS3 简介 </h3>
            <p>CSS3 是 CSS 技术的升级版本，CSS3 的开发是朝着模块化发展的。以前的规范作为一个模块实在是太庞大而且比较复杂，所以，把它分解为一些小的模块，更多新的模块也被加入进来。</p>
            <p>CSS3 的新特征有很多，例如圆角效果、图形化边框、块阴影与文字阴影、使用 RGBA 实现透明效果、渐变效果、使用 @Font-Face 实现定制字体、多背景图、文字或图像的变形处理、多栏布局、媒体查询等。</p>
            <p> 很多 CSS3 技术通过提供相同的视觉效果而成为图片的"替代品"，换句话说，在进行 Web 开发时，减少多余的标签嵌套以及图片的使用数量，意味着用户要下载的内容将会更少，页面加载也会更快。另外，更少的图片、脚本和 Flash 文件能够减少用户访问 Web 站点时的 HTTP 请求数。</p>
            <p> 浏览器厂商以前就一直在实施 CSS3，虽然它还未成为真正的标准，但却提供了针
```

对浏览器的前缀。需要注意的是，在使用有厂商前缀的样式时，也应该使用无前缀的。这样可以保证当浏览器移除了前缀，使用标准 CSS3 规范时，样式仍然有效。</p>

```
    </div>
        </body>
    </html>
```

案例的运行效果如图 5-10 所示。

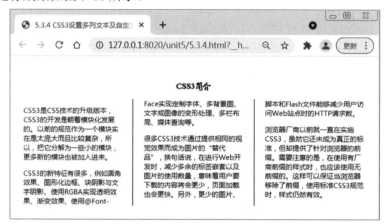

图 5-10　CSS3 设置多列文本及自定义字体

【思考】

● 在 div 元素的样式设置中，若将"column-width: 100px;"这一行的值分别改为 300px、600px，运行效果将有什么变化？为什么？

● @font-face 规则指定自定义字体文件所在路径为"fonts/yegenyou.ttf"，若未在网页当前目录下找到 fonts 文件夹或 yegenyou.ttf 字体文件，运行效果将是怎样的？为什么？

在线练习

扫描右边的二维码进行在线练习,可以帮助初学者掌握CSS3的文本新特性。

5.4　CSS3 背景和边框新特性

5.3 在线练习

5.4.1　CSS3 新增背景相关属性

1. background-origin 属性

background-origin 属性用于设置背景图片的定位区域。

语法格式：background-origin: border-box | padding-box | content-box;

● border-box ：设置背景图片从边框起开始填充。

● padding-box（默认值）：设置背景图片从内边距区起开始填充。

● content-box ：设置背景图片从内容区开始填充。

注意：若背景图片的 background-attachment 属性被设置为 fixed，则该属性的设置无效。

2. background-size 属性

background-size 属性用于设置背景图片在背景定位区域内的大小。

语法格式：background-size:length|percentage|cover|contain;

- length：设置背景图片的绝对宽高。第一个值设置宽度，第二个值设置高度。若只给出一个值，则第二个值为 auto（自动）。
- percentage：设置背景图片所占背景定位区域的百分比。第一个值设置宽度，第二个值设置高度。若只给出一个值，则第二个值为 auto（自动）。
- cover：在保持图片纵横比的情况下，将图片缩放成能够完全覆盖住背景定位区域的最小尺寸。
- contain：在保持图片纵横比的情况下，将图片缩放成背景定位区域能够放得下的最大尺寸。

3. background-clip 属性

background-clip 属性用于设置背景图片裁剪保留的区域。

语法格式：background-clip: border-box|padding-box|content-box;

- border-box（默认值）：设置背景图片裁剪保留从边框开始的部分。
- padding-box：设置背景图片裁剪保留从内边距开始的部分。
- content-box：设置背景图片裁剪保留内容区域部分。

下面通过具体案例来了解以上三个属性的用法及区别。

【案例 5.4.1】CSS3 新增背景属性示例（案例代码 \unit5\5.4.1.html）

```
<!DOCTYPE html>
<html>
    <head>
        <meta charset="UTF-8">
        <title>5.4.1 CSS3 新增背景属性示例 </title>
        <style>
            div{  width: 150px;height: 150px;margin: 20px;padding: 20px;
                border: 10px dotted gray;float: left;
                background: url(img/yiqing4.jpg) no-repeat;
                font-size:60px;color: yellow;}
            div:nth-of-type(1){
                background-origin: border-box;
                background-size: 100% 100%;}
            div:nth-of-type(2){
                background-origin: padding-box;
                background-size: 100% 100%;}
            div:nth-of-type(3){
                background-origin: border-box;
                background-size: 100% 100%;
                background-clip: padding-box;}
            div:nth-of-type(4){
                background-origin: padding-box;
                background-size: cover;}
            div:nth-of-type(5){
                /*background-origin: padding-box;*//* 默认值 */
                background-size: contain;}
            div:nth-of-type(6){
                background-origin: content-box;
                background-size: cover;
```

```
                    background-clip: content-box; /* 注释掉该行 , 观察变化 ?*/}
        </style>
    </head>
    <body>
        <div>1</div>      <div>2</div>          <div>3</div>
        <div>4</div>          <div>5</div>          <div>6</div>
    </body>
</html>
```

案例 5.4.1 的运行效果如图 5-11 所示。

图 5-11　CSS3 新增背景属性示例

【思考】

● 观察第 2 个图片和第 3 个图片，它们的设置效果有什么相同及不同之处？

● 观察第 4 个图片和第 5 个图片，background-size 属性值设为"cover"和"contain"有什么区别？

● 观察第 6 个图片，若将该背景图片设置代码中的最后一行"background-clip: content-box;"注释掉，会有什么变化？

5.4.2　CSS3 设置渐变背景色

CSS3 之前,若要显示渐变的背景色,必须使用图片实现。CSS3 支持的渐变（gradients）新特性，可以通过代码实现两个或多个颜色之间的平滑过渡。

CSS3 定义了以下两种类型的渐变。

● 线性渐变（Linear Gradients）：颜色沿着直线方向平滑过渡。

● 径向渐变（Radial Gradients）：颜色从中心点开始环状向外过渡。

1. 线性渐变

linear-gradient() 函数用于创建一个具有两种或多种颜色线性渐变的背景色。

语法格式: background-image: linear-gradient(direction,color1,color2…);

- direction：设置渐变的方向，可以是一个角度值或者表示方向的预定义值（to top、to left、to right、to left top、to right bottom 等），默认方向是从上到下。
- color1,color2…：指定渐变经历的两个或多个颜色值。

以下是一些通过 linear-gradient() 函数设置线性渐变的示例代码：

```
background-image: linear-gradient(90deg, green, yellow);
background-image: linear-gradient(to bottom right, red , blue);
background-image: linear-gradient(#e66465, #9198e5); /* 方向默认 */
background-image: linear-gradient(to right,rgba(255,0,0,0), rgba(255,0,0,1)); /* 使用透明度的渐变 */
```

2. 径向渐变

radial-gradient() 函数用于创建一个具有两种或多种颜色径向渐变的背景色。

语法格式：

background-image: radial-gradient(shape size at position,color1,color2…);

- shape：渐变的形状，ellipse 表示椭圆，circle 表示圆形，默认为 ellipse。若元素形状是正方形，则 ellipse 和 circle 效果一样。
- size：渐变的大小，即渐变到哪里停止，有 4 个可选值，即 farthest-corner（默认）：到离圆心最远的角；closest-corner：到离圆心最近的角；farthest-side：到离圆心最远的边；closest-side：到离圆心最近的边。
- position：确定圆心的位置，由 2 个参数表示，分别表示横、纵向坐标。若只提供 1 个参数，则第 2 个参数默认为 50%，即 center。
- color1,color2…：指定渐变经历的两个或多个颜色值。

以下是一些通过 radial-gradient() 函数设置径向渐变的示例代码：

```
background-image: radial-gradient(red, yellow, green);
background-image: radial-gradient(red 5%, yellow 25%, green 60%);
background-image: radial-gradient(circle, red, yellow, green);
background-image: radial-gradient(closest-side at 70% 15%, red, yellow, black);
```

下面通过具体案例来了解如何在 CSS3 中设置渐变背景色。案例 5.4.2 的运行效果如图 5-12 所示。

【案例 5.4.2】CSS3 设置渐变背景色（案例代码 \unit5\5.4.2.html）

```
<!DOCTYPE html>
<html>
    <head>
        <meta charset="UTF-8">
        <title>5.4.2 CSS3 设置渐变背景色 </title>
        <style>
            div{      width: 150px;height: 120px;margin: 10px;
                border: 2px solid gray;float: left;}
            div:nth-of-type(1){      background-image: linear-gradient(90deg, green, yellow);}
            div:nth-of-type(2){background-image: linear-gradient(to bottom right, blue,
pink,orange,green);}
            div:nth-of-type(3){
                background-image: linear-gradient(#e66465, #9198e5); /* 方向缺省 */}
            div:nth-of-type(4){
```

```
                        background-image: linear-gradient(to right, rgba(255,0,0,0), rgba(255,0,0,1)); /* 使用
透明度的渐变 */}
                div:nth-of-type(5){
                        background-image: radial-gradient(red, yellow, green); }
                div:nth-of-type(6){
                        background-image: radial-gradient(red 5%, yellow 25%, green 60%); }
                div:nth-of-type(7){
                        background-image: radial-gradient(circle, red, yellow, green); }
                div:nth-of-type(8){
                        background-image: radial-gradient(closest-side at 70% 15%, red, yellow, black);}
        </style>
    </head>
    <body>
        <div></div><div></div><div></div><div></div>
        <div></div><div></div><div></div><div></div>
    </body>
</html>
```

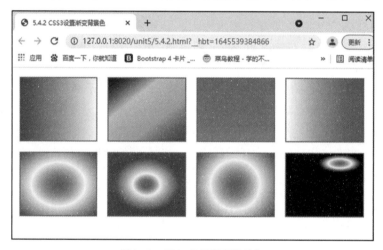

图 5-12 CSS3 设置渐变背景色

多学一招

除了用于设置普通渐变的 linear-gradient() 函数和 radial-gradient() 函数，CSS3 还提供了用于设置"重复渐变"的函数，分别是用于设置重复的线性渐变的 repeating-linear-gradient() 函数和用于设置重复的径向渐变的 repeating-radial-gradient() 函数。它们的参数设置类似于对应的普通渐变函数，感兴趣的读者可自行查阅资料掌握用法。

5.4.3　CSS3 新增边框相关属性

1. border-radius 属性

border-radius 属性用于设置元素的外边框圆角，它是一个复合属性。

语法格式：border-radius: 1-4 length|% / 1-4 length|%;

分样式写法：

- border-top-left-radius：单独设置左上角圆角。
- border-top-right-radius：单独设置右上角圆角。
- border-bottom-left-radius：单独设置左下角圆角。
- border-bottom-right-radius：单独设置右下角圆角。

复合属性写法：

- 1 个值：同时设置四个角，且四个角都相同。
- 2 个值：第一个值用于设置左上角和右下角，第二个值用于设置右上角和左下角。
- 3 个值：第一个值用于设置左上角，第二个值用于设置右上角和左下角，第三个值用于设置右下角。
- 4 个值：分别对应左上角、右上角、右下角、左下角。

参数描述：

- length：以长度值定义圆角半径。
- %：以百分比定义圆角半径。
- /：X 轴方向圆角半径 / Y 轴方向圆角半径。若省略 Y 轴方向设置，默认与 X 轴方向相同。

以下是一些为元素设置边框圆角的示例代码：

```
border-radius: 50px; /* 设置 1 个值：4 个角的圆角值都一样 */
border-radius: 10px 30px;/* 设置 2 个值，分别控制左上 / 右下角和右上 / 左下角 */
border-radius: 10px 40px 30px; /* 设置 3 个值，依次控制左上角、右上 / 左下角和右下角 */
border-radius: 10px 20px 30px 40px; /* 设置 4 个值，依次控制左上角、右上角、右下角和左下角 */
border-radius: 100px/50px; /*Y 轴方向上圆角半径不同于 X 轴方向上的情况 */
```

下面通过具体案例来了解如何使用 border-radius 属性来为元素设置边框圆角。

【案例 5.4.3】CSS3 设置边框圆角（案例代码 \unit5\5.4.3.html）

```
<!DOCTYPE html>
<html>
    <head>
        <meta charset="UTF-8">
        <title>5.4.3 CSS3 设置边框圆角 </title>
        <style>
            div{ width: 100px;height: 100px;margin: 10px;
                background-color: orange;border: 2px solid gray;float: left;}
            div:nth-of-type(1){ border-radius: 50px;}
            div:nth-of-type(2){ border-radius: 10px 30px;}
            div:nth-of-type(3){ border-radius: 10px 40px 30px;}
            div:nth-of-type(4){ border-radius: 10px 20px 30px 40px;}
            div:nth-of-type(5){ width:200px;border-radius: 100px/50px;}
        </style>
    </head>
    <body>
        <div></div>        <div></div>        <div></div><div></div><div></div>
    </body>
</html>
```

案例 5.4.3 的运行效果如图 5-13 所示。

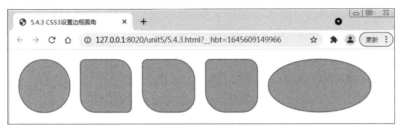

图 5-13　CSS3 设置边框圆角

2. border-image 属性

border-image 属性用于设置以图片填充的边框，是一个复合属性。

语法格式：border-image: source slice width outset repeat;

border-image 各子属性的语法及描述如表 5-7 所示。

表 5-7　border-image 各子属性的语法及描述

名　　称	语法及描述
border-image-source	border-image-source: none|image; 指定要用于填充边框的图片的位置。默认图片填充到元素的四个角点
border-image-slice	border-image-slice: number|%|fill; 指定图片（4 个方向）向内裁切的距离。属性值可以是数值或百分比，fill 表示裁切后图片中间的部分保留。 注：默认数值单位是 px，但是不能在数值后面加 px
border-image-width	border-image-width: number|%|auto; 指定图片边框的宽度。若不设置该属性，宽度默认就是元素的 border 宽度
border-image-outset	border-image-outset: length|number; 指定图片边框向外扩展的量，length 表示像素值，number 表示 border 宽度的倍数
border-image-repeat	border-image-repeat: stretch|repeat|round; 指定图片以何种方式填充边框，即 stretch（默认值）：拉伸图片来填充区域；repeat：简单重复平铺；round：将内容缩放为边角完整的重复平铺

下面通过具体案例来讲解如何利用 border-image 属性来设置图片边框。

【案例 5.4.4】CSS3 设置图片边框（案例代码 \unit5\5.4.4.html）

```
<!DOCTYPE html>
<html>
    <head>
        <meta charset="UTF-8">
        <title>5.4.4 CSS3 设置图片边框 </title>
        <style>
            div{ width: 100px;height: 100px;    margin: 50px;float:left;
                border: 27px solid orange;background-color:lightblue;}
            div:nth-of-type(2){ border-image:url(img/square.png);}
            div:nth-of-type(3){ border-image-source:url(img/square.png);
                border-image-slice: 27;    border-image-width: 0.6;
                border-image-outset:30px;border-image-repeat:repeat;}
            div:nth-of-type(4){ width: 200px;
                border-image: url(img/square.png) 27 round;}
            div:nth-of-type(5){ height: 200px;
```

```
                border-image: url(img/square.png) 27 round;}
        </style>
    </head>
    <body>
        <div></div>            <div></div>            <div></div>
        <div> 无论元素宽高如何变化，保证图片边框的风格不变 </div>
        <div> 无论元素宽高如何变化，保证图片边框的风格不变 </div>
    </body>
</html>
```

案例 5.4.4 的运行效果如图 5-14 所示。

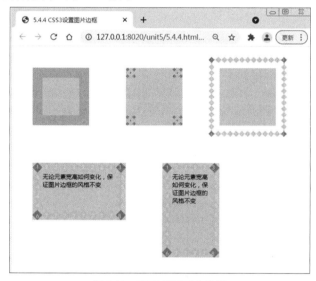

图 5-14　CSS3 设置图片边框

3. box-shadow 属性

box-shadow 属性用于为元素添加一个或多个阴影。若一次添加多个阴影，各个阴影设置之间用逗号分隔。

语法格式：box-shadow: h-shadow v-shadow blur spread color inset;

- h-shadow：必需，定义水平阴影的位置，允许负值。
- v-shadow：必需，定义垂直阴影的位置，允许负值。
- blur：可选，定义阴影模糊的距离。
- spread：可选，定义阴影扩展的距离。
- color：可选，定义阴影的颜色，默认为黑色。
- inset：可选，定义是否是内阴影，默认为外阴影。

以下是一些为元素设置边框阴影的示例代码：

```
box-shadow: 5px 5px 5px;/* 默认黑色阴影 */
box-shadow: -5px -5px rgba(255,0,255,0.5);
box-shadow: 5px 5px5px black, -5px -5px pink;/* 设置多个阴影 */
box-shadow: 5px 5px5px5px pink inset; /* 设置内阴影 */
```

下面通过具体案例来了解如何通过 box-shadow 属性来为元素设置边框阴影。案例 5.4.5

的运行效果如图 5-15 所示。

【案例 5.4.5】CSS3 设置边框阴影（案例代码 \unit5\5.4.5.html）

```html
<!DOCTYPE html>
<html>
    <head>
        <meta charset="UTF-8">
        <title>5.4.5 CSS3 设置边框阴影 </title>
        <style>
            div{ width: 100px;height: 100px;
                margin: 50px;float:left;
                border: 1px solid green;
                background-color:yellow;}
            div:nth-of-type(1){
                box-shadow: 5px 5px 5px;/* 默认黑色阴影 */}
            div:nth-of-type(2){
                box-shadow: -5px -5px rgba(255,0,255,0.5);}
            div:nth-of-type(3){/* 设置多个阴影 */
                box-shadow: 5px 5px5px black, -5px -5px pink;}
            div:nth-of-type(4){ /* 设置内阴影 */
                box-shadow: 5px 5px5px5px pink inset;}
        </style>
    </head>
    <body>
        <div></div><div></div>        <div></div>        <div></div>
    </body>
</html>
```

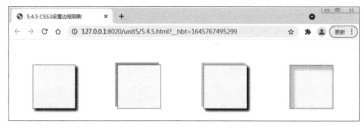

图 5-15　CSS3 设置边框阴影

在线练习

扫描右边的二维码进行在线练习，可以帮助初学者掌握 CSS3 的背景和边框的新特性。

5.4 在线练习

5.5　CSS3 盒子模型新特性

5.5.1　盒子模型 box-sizing 属性

如前所述，盒子模型有标准（W3C）盒子模型和 IE 盒子模型两种，其中浏览器支持较多的是标准盒子模型。在标准盒子模型下，width/height 属性设置的只是内容（content）区域的宽 / 高,而元素占用的实际宽高为：内容（content）+ 内边距（padding）+ 边框（border）。

这就意味着，在进行页面布局时，除了设置元素的 width/height 属性，还要时刻留意元素的 border 和 padding 属性设置造成的影响。CSS3 新增的 box-sizing 属性就是为解决这一烦恼而出现的。

box-sizing 属性用于定义以何种方式计算一个元素占用的总宽度和总高度。

语法格式：box-sizing: content-box|border-box;

● content-box（默认值）：width/height 属性仅表示元素内容区（content）的宽 / 高，元素实际占用宽高 = content+ padding+border。

● border-box：width/height 的值即为元素实际占用总宽高，border 和 padding 的值包含在 width/height 内，元素内容区（content）的宽高是 width/height 减去 (border + padding) 的值。

一般情况下，使用 border-box 定义的盒子，不会随着 border 和 padding 的设置而改变实际占用大小，有利于页面布局的稳定。

下面通过具体案例来理解 box-sizing 属性的使用。

【案例 5.5.1】盒子模型 box-sizing 属性示例（案例代码 \unit5\5.5.1.html）

```
<!DOCTYPE html>
<html>
    <head>
        <meta charset="UTF-8">
        <title>5.5.1 盒模型 box-sizing 属性示例 </title>
<style>
    .container{
            width:700px;margin:50px auto;
            background-color:#eee; text-align: center;}
        .container div{
            width:200px; height:100px;
            display: inline-block;
            background-size: 100% 100%;
            box-sizing: border-box; /* 对比有无此行代码的不同 */}
        .container div:hover{border: 10px solid red;}/* 鼠标经过时边框显示 */
.containerdiv:nth-of-type(1){
            background-image:url(img/yiqing1.jpg);}
        .container div:nth-of-type(2){
            background-image:url(img/yiqing2.jpg);}
        .container div:nth-of-type(3){
            background-image:url(img/yiqing3.jpg);}
</style>
</head>
<body>
<div class="container">
<div></div><div></div><div></div>
</div>
</body>
</html>
```

案例 5.5.1 的运行效果如图 5-16 所示。

图 5-16　盒子模型 box-sizing 属性示例

【思考】

在图片盒子的样式设置".container div{...}"中，若注释掉最后一行"box-sizing: border-box;"，案例的运行效果会有什么变化？为什么？

5.5.2　CSS3 设置弹性盒子

为适应不同的设备类型及屏幕大小，CSS3 引入了弹性盒子（Flexible Box），也称弹性盒子布局（Flexbox 布局），目的是提供一种更加高效便捷的方式来对一个盒子中的各个子元素进行排列、对齐和分配空白空间等。

弹性盒子由弹性容器（Flex Container）和弹性子元素（Flex Item）组成。一个弹性容器内包含一个或多个弹性子元素。

1．弹性容器的设置

通过将元素的 display 属性设为 flex 或 inline-flex，可将元素定义为弹性容器。弹性容器默认存在两根轴：主轴（main axis）和交叉轴（cross axis），如图 5-17 所示。

语法格式：display: flex | inline-flex;

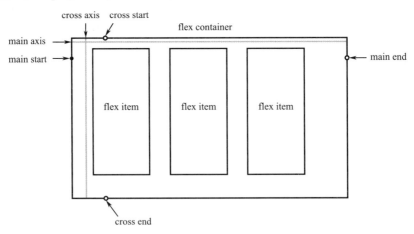

图 5-17　弹性容器示意图

（1）flex-direction 属性

flex-direction 属性决定主轴的方向（即子元素的排列方向）。

语法格式：flex-direction: row|row-reverse|column|column-reverse;

● row（默认值）：主轴为水平方向，起点在左端。

- row-reverse：主轴为水平方向，起点在右端。
- column：主轴为垂直方向，起点在上沿。
- column-reverse：主轴为垂直方向，起点在下沿。

（2）flex-wrap 属性

flex-wrap 属性设置当子元素超出父容器时是否换行。

语法格式：flex-wrap: nowrap|wrap|wrap-reverse;

- nowrap（默认）：不换行。
- wrap：换行，第一行在上方。
- wrap-reverse：换行，第一行在下方。

（3）flex-flow 属性

flex-flow 属性是 flex-direction 和 flex-wrap 属性的简写，默认值为 row nowrap。

语法格式：flex-flow: flex-direction flex-wrap;

（4）justify-content 属性

justify-content 属性定义子元素在主轴上的对齐方式。

语法格式：

justify-content: flex-start|flex-end|center|space-between|space-around;

- flex-start（默认值）：左对齐。
- flex-end：右对齐。
- center：居中。
- space-between：两端对齐，各子元素之间的间隔相等。
- space-around：各子元素两侧的间隔相等，中间子元素之间的间隔是两端子元素与边框距离的两倍。

（5）align-items 属性

align-items 属性定义子元素在交叉轴上的对齐方式。

语法格式：align-items: stretch|center|flex-start|flex-end|baseline;

- stretch（默认值）：在未设置高度（值为auto）的情况下，则子元素会被拉伸至容器高度。
- center：子元素与交叉轴的中心点对齐。
- flex-start：子元素与交叉轴的起点对齐。
- flex-end：子元素与交叉轴的终点对齐。
- baseline：子元素被定位到容器的基线，一般情况下该值与 'flex-start' 等效。

（6）align-content 属性

align-content 属性用于定义当容器中有多行弹性子元素时，各行在交叉轴方向上的分布方式。注意：若容器中只有一行弹性子元素，则 align-content 属性无效。

语法格式：

align-content:stretch|center|flex-start|flex-end|space-between|space-around;

- stretch（默认值）：各行将会伸展以占用剩余的空间。
- center：各行在交叉轴的中间位置居中堆叠。
- flex-start：各行从交叉轴的起始位置开始堆叠。
- flex-end：各行从交叉轴的结束位置开始堆叠。

- space-between：各行在交叉轴方向上两端对齐，中间平均分布行间距。
- space-around：各行在交叉轴方向上保持两边间距相等，中间行之间的间隔是两端行与边框距离的两倍。

2. 弹性子元素的设置

设置好弹性容器之后，还要将弹性子元素的属性设置好，弹性子元素的常用属性如表 5-8 所示。

表 5-8　弹性子元素的常用属性

属　　性	语法及描述
order	order: number; 设置子元素在弹性容器中的出现顺序。默认为 0，可以为负值
flex-grow	flex-grow: number; 弹性空间有剩余时，设置子元素相对于其他弹性子元素的扩展比率。默认值为 0
flex-shrink	flex-grow: number; 弹性空间不足时，设置子元素相对于其他弹性子元素的收缩比率。默认值为 1
flex-basis	flex-basis: number|auto; 设置子元素的伸缩基准值，可以是像素值或一个百分比。默认值为 auto，不设置伸缩基准值
flex	flex: flex-grow flex-shrink flex-basis flex-grow、flex-shrink 和 flex-basis 三个属性的简写属性

注意：设为 Flexbox 布局以后，弹性子元素原有的 float、clear 和 vertical-align 等属性都将失效。

下面通过具体案例来了解如何在 CSS3 中使用弹性盒子布局。

【案例 5.5.2】CSS3 设置弹性盒子（案例代码 \unit5\5.5.2.html）

```
<!DOCTYPE html>
<html>
    <head>
        <meta charset="UTF-8">
        <title>5.5.2 CSS3 设置弹性盒子 </title>
        <style type="text/css">
            .flex_container {width: 80%;    height: 300px;margin: 100px auto;
                border: 3px solid green;    display:flex;
                flex-direction:row;/* 默认值 , 此行可省略 */
                flex-wrap: nowrap;/* 默认值 , 此行可省略 */
                justify-content:space-around;    align-items: center;}
            .flex_item {width: 100px;height: 100px;background-color: orange;
                border:1px solid black; box-sizing: border-box;}
            .flex_item:nth-child(1){  /*flex-grow:1;*//* 别的子元素此项默认为 0, 当前子元素此项
为 1, 多余空间都归它 */}
            .flex_item:nth-child(2){order: -1;/* 别的子元素此项默认为 0,-1 便成为第一个盒子 */}
            .flex_item:nth-child(3){flex-shrink:2;/* 别的子元素此项默认为 1, 当空间不够时 , 当前子
元素按 2 倍比例收缩 */              }
            .flex_item:nth-child(4){    /*flex-basis:200px;*//* 设置子元素的伸缩基准值 */}
        </style>
    </head>
    <body>
```

```
        <div class="flex_container">
            <div class="flex_item">1</div>
            <div class="flex_item">2</div>
            <div class="flex_item">3</div>
            <div class="flex_item">4</div>
        </div>
    </body>
</html>
```

案例 5.5.2 的运行效果如图 5-18 所示。

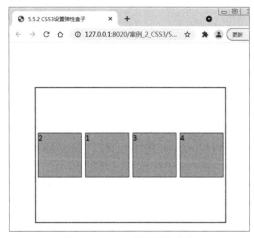

图 5-18　CSS3 设置弹性盒子

【思考】

● 标号为 "2" 的弹性子元素为什么会排在标号为 "1" 的弹性子元素的前面？

● 为标号为 "1" 的弹性子元素添加样式代码 "flex-grow:1;" 之后，案例运行效果有什么变化？为什么？

● 空间不足时，标号为 "3" 的弹性子元素收缩得为什么比其他子元素快？

● 为标号为 "4" 的弹性子元素添加样式代码 "flex-basis:200px;" 之后，案例运行效果有什么变化？

在线练习

扫描右边的二维码进行在线练习，可以帮助初学者掌握 CSS3 的盒子模型新特性。

5.5 在线练习

5.6　CSS3 动效新特性

CSS3 之前，若要在网页中实现一些动态效果，需要借助于动态图片、JavaScript 脚本或者 Flash 动画。CSS3 新增了一些动效相关新特性，利用这些新特性，可以仅仅通过 CSS 代码轻松实现丰富的页面动态效果。

5.6.1　CSS3 过渡

CSS3 新增的 transition 属性用于为页面元素属性的变化设置过渡效果。在不设置

transition 属性的情况下，元素样式的改变是瞬间完成的，没有中间过渡的动画效果。通过 transition 属性，开发者可以控制元素样式变化的中间过渡动画效果。

语法格式：transition: property duration timing-function delay;

transition 属性是一个复合属性，它有 4 个子属性，下面对这些子属性分别加以介绍。

1. transition-property 属性

transition-property 属性指定应用过渡效果的 CSS 属性的名称。当指定属性的属性值发生改变时，将呈现过渡的变化效果。

语法格式：transition-property: none | all | property;

- none：没有属性应用过渡效果。
- all（默认值）：所有属性都应用过渡效果。
- property：指定应用过渡效果的属性名列表，各个属性间以逗号分隔。

2. transition-duration 属性

transition-duration 属性指定过渡效果持续的时长。

语法格式：transition-duration: time;

- time：常用单位是秒 (s) 或者毫秒 (ms)。默认值为 0，即不执行过渡效果。

3. transition-timing-function 属性

transition-timing-function 属性指定过渡效果执行速度变化的时间曲线。各属性值情况见表 5-9。

语法格式：

transition-timing-function:linear|ease|ease-in|ease-out|ease-in-out|cubic-bezier(n, n, n, n);

表 5-9　transition-timing-function 属性值情况

属 性 值	说 明
linear	动画以匀速执行
ease	动画以慢速开始，变快之后再慢速结束
ease-in	动画以慢速开始
ease-out	动画以慢速结束
ease-in-out	动画以慢速开始和结束
cubic-bezier(n,n,n,n)	在 cubic-bezier 函数中自定义动画执行速度，各参数是 0 至 1 之间的数值

4. transition-delay 属性

transition-delay 属性用于指定过渡效果执行之前需要等待的时间。

语法格式：transition-delay: time;

- time：常用单位是秒 (s) 或者毫秒 (ms)。默认值为 0，即不延迟。当设置为正数时，过渡效果会延迟触发；当设置为负数时，过渡效果会从该时间点开始，之前的过渡动画被截断。

下面通过具体案例来了解 transition 属性的设置。

【案例 5.6.1】CSS3 的过渡效果示例（案例代码 \unit5\5.6.1.html）

```
<!DOCTYPE html>
<html>
```

```
<head>
    <meta charset="utf-8">
    <title>5.6.1 CSS3 的过渡效果示例 </title>
    <style>
        div {width:100px;height: 100px;
            border: 2px solid black;
            transition-property:all;/*all 是默认值 , 此行可省略 */
            /*transition-property:width;*//* 若将上行 all 换为 width, 观察变化 */
            transition-duration:1s; /* 设置过渡效果持续的时长    */
            transition-timing-function:linear; /* 设置匀速过渡变化 */
    transition-delay:0;    /*0 是默认值 , 此行可省略 */
            /* 下面是复合属性写法 , 且对不同属性分别设置 */
            /*transition: width 1s ease-out 1s, height 1s ease-in, background-color 2s;*/        }
        div:hover {/* 设置鼠标经过时 , 盒子样式的变化 */
            width:200px;height: 200px;background-color: red;}
    </style>
</head>
<body>
    <p> 鼠标移入盒子看变化。</p>
    <div></div>
</body>
</html>
```

案例 5.6.1 的运行效果如图 5-19 所示。

图 5-19　CSS3 的过渡效果示例

【思考】

● 在 div 样式设置的 CSS 代码中，若将 "transition-property:all;" 改为 "transition-property:width;"，运行效果会有什么变化？为什么？

● 尝试将 transition 属性的 4 个子属性设置都注释掉, 改为写在 1 行内的复合属性设置，并为宽、高和背景色定义不同的过渡效果。

5.6.2　CSS3 变形

CSS3 新增的 transform 属性可以让元素在一个坐标系统中变形。这个属性通过一系列变形函数，操控元素进行平移、旋转、缩放和倾斜等变形。W3C 组织发布的 CSS3 变形工作草案包括 2D 变形、3D 变形。

语法格式：transform: none|transform-functions;

● none（默认值）：表示不进行变形。

- transform-function：设置变形函数，可以设置 1 个或多个变形函数，若有多个变形函数，它们之间以空格分隔。

1. 2D 变形函数

（1）translate() 函数

translate() 函数能够重新定义元素的坐标，从而实现元素平移的效果。

语法格式：transform: translate (x-value, y-value);

- x-value 指元素在水平方向上向右移动的距离。
- y-value 指元素在垂直方向上向下移动的距离。
- 若省略了第二个参数，则取默认值 0。
- 若参数值为负数，表示反方向移动元素。

（2）scale() 函数

scale () 函数能够缩放元素大小，该函数包含两个参数，分别用来定义宽度和高度的缩放比例。

语法格式：transform: scale(x-axis, y-axis);

- x-axis 和 y-axis 参数值可以是正值、负值，也可以是小数。使用小于 1 的小数表示缩小元素；使用负值则不会缩小元素，而是翻转元素（如文字被反转），然后再缩放元素。
- 若第二个参数省略，则默认等于第一个参数值。

（3）rotate() 函数

rotate () 函数能够在二维空间内旋转指定的元素。

语法格式：transform: rotate(angle);

- angle：表示要旋转的角度值。若为正值，按照顺时针旋转；若为负值，则按照逆时针旋转。

（4）skew() 函数

skew () 函数能够将元素沿着 X 轴或 Y 轴进行一定的角度倾斜。

语法格式：transform: skew(x-angle, y-angle);

- x-angle 表示相对于 X 轴进行倾斜的角度值。
- y-angle 表示相对于 Y 轴进行倾斜的角度值。
- 若省略了第二个参数，则取默认值 0。

下面通过具体案例来了解使用 transform 属性对网页元素进行 2D 变形的设置。

【案例 5.6.2】CSS3 的 2D 变形效果示例（案例代码 \unit5\5.6.2.html）

```html
<!DOCTYPE html>
<html>
    <head>
        <meta charset="utf-8">
        <title>5.6.2 CSS3 的 2D 变形效果示例 </title>
        <style>
            table{margin: 100px auto;   background-color: #eee;}
            td {width: 250px;height: 250px;border: 1px solid black;}
            div {width: 150px;height: 150px;margin:auto;
                background-color: pink;   border: 3px solid black;
                text-align: center;line-height: 150px;
```

```
                    transition: transform 1s;/* 观察注释掉此行后的变化 */}
                #rotate1:hover{transform: rotate(30deg);}
                #rotate2:hover {transform: rotate(-30deg);}
                #scale1:hover {transform: scale(1.5);}
                #scale2:hover {transform: scale(1.5, 0.5);}
                #translate1:hover {transform: translate(75px);}
                #translate2:hover {transform: translate(-75px, 75px);}
                #skew1:hover {transform: skew(15deg);}
                #skew2:hover {transform: skew(0, 15deg);}
            </style>
        </head>
        <body>
            <table>
                <caption>CSS3 的 2D 转换效果示例 </caption>
                <tr>
                    <td><div> 无变化 </div></td>
                    <td><div id="rotate1">rotate(30deg)</div></td>
                    <td><div id="rotate2">rotate(-30deg)</div></td>
                </tr>
                <tr>
                    <td><div id="scale1">scale(1.5)</div></td>
                    <td><div id="scale2">scale(1.5, 0.5)</div></td>
                    <td><div id="translate1">translate(75px)</div></td>
                </tr>
                <tr>
                    <td><div id="translate2">translate(-75px,75px)</div></td>
                    <td><div id="skew1">skew(15deg)</div></td>
                    <td><div id="skew2">skew(0,15deg)</div></td>
                </tr>
            </table>
        </body>
    </html>
```

案例 5.6.2 的运行效果如图 5-20 所示。

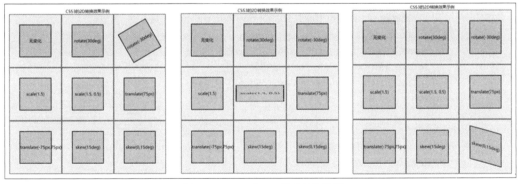

图 5-20　CSS3 的 2D 变形效果示例

2. 3D 变形函数

前面介绍了 CSS3 中支持元素在二维空间中进行变形的 2D 变形函数，CSS3 中还定义了许多支持元素在三维空间中进行变形的 3D 变形函数，常用的 3D 变形函数如表 5-10 所示。

表 5-10　常用的 3D 变形函数

3D 变形函数	说　　明
translate3d(x,y,z)	定义 3D 平移
translateX(x)	定义围绕 X 轴的 3D 平移
translateY(y)	定义围绕 Y 轴的 3D 平移
translateZ(z)	定义围绕 Z 轴的 3D 平移
scale3d(x,y,z)	定义 3D 缩放
scaleX(x)	定义围绕 X 轴的 3D 缩放
scaleY(y)	定义围绕 Y 轴的 3D 缩放
scaleZ(z)	定义围绕 Z 轴的 3D 缩放
rotate3d(x,y,z,angle)	定义 3D 旋转
rotateX(angle)	定义围绕 X 轴的 3D 旋转
rotateY(angle)	定义围绕 Y 轴的 3D 旋转
rotateZ(angle)	定义围绕 Z 轴的 3D 旋转
matrix3d(n,n,n,n,n,n,n,n,n,n,n,n,n,n,n,n)	综合定义 3D 变形，使用 16 个值的 4×4 矩阵

下面以 3D 旋转为例，介绍 3D 变形函数的使用。

【案例 5.6.3】CSS3 的 3D 旋转效果示例（案例代码 \unit5\5.6.3.html）

```
<!DOCTYPE html>
<html>
    <head>
        <meta charset="utf-8">
        <title>5.6.3 CSS3 的 3D 旋转效果示例 </title>
        <style type="text/css">
            .container{width: 100%;background-color: #eee;
                display:flex;justify-content: space-around;flex-wrap:wrap;}
            .card {margin: 30px; padding: 30px;background: pink;text-align: center;}
            .picture { width: 130px;height: 150px;
                background-image:url(img/dancer.jpg);
                background-size: 100%, 100%;transition: transform 1s;}
            .rotate:hover{transform: rotate(75deg);}
            .rotateX:hover {transform: rotateX(75deg);}
            .rotateY:hover {transform: rotateY(75deg);}
            .rotateZ:hover{transform: rotateZ(75deg);}
        </style>
    </head>
    <body>
        <h3>3D 旋转效果演示 </h3>
        <div class="container">
        <div class="card">
            <div class="picture rotate"></div>
            <p>2D 旋转 <br />rotate(75deg) </p>
        </div>
        <div class="card">
            <div class="picture rotateX"></div>
```

```
        <p>3D 旋转 <br />rotateX(75deg)</p>
    </div>
    <div class="card">
        <div class="picture rotateY"></div>
        <p>3D 旋转 <br />rotateY(75deg)</p>
    </div>
    <div class="card">
        <div class="picture rotateZ"></div>
        <p>3D 旋转 <br />rotateZ(75deg) </p>
    </div>
    </div>
    </body>
</html>
```

案例 5.6.3 的运行效果如图 5-21 所示。

图 5-21　CSS3 的 3D 旋转效果示例

【思考】

本案例的第 1 张图片进行"2D 旋转",第 4 张图片进行"绕 Z 轴的 3D 旋转",它们在视觉效果上是相同的,但在原理上有什么不同?

多学一招

除了 transform 属性，CSS3 中还新增了与元素变形相关的其他属性。例如，用于设置元素变形所围绕中心点位置的 transform-origin 属性；用于设置 3D 透视距离的 perspective 属性等。这些属性的使用，可以定义出更加丰富的元素变形效果。读者可自行查阅资料掌握它们的用法。

5.6.3 CSS3 动画

CSS3 的动画（animation）属性和过渡（transition）属性有着相似之处：二者都随着时间的变化改变元素的样式，从而产生动画的视觉效果。transition 属性简单易用，但它定义的过渡动画效果有以下局限：

- 需要"元素属性值发生改变"的事件触发，没法在网页加载时自动发生。
- 过渡动画效果是一次性的，不能重复发生，除非一再触发。
- 只能定义开始状态和结束状态的属性值，不能定义中间状态。

CSS3 的 animation 属性就是为了解决这些局限而提出的。animation 动画通过关键帧来设置动画过程的节点，从而实现更为复杂的动画过程控制。

1. 使用 @keyframes 规则创建动画

创建动画是通过从一个 CSS 样式到另一个 CSS 样式逐步变化而产生动画效果，在动画过程中，可以多次更改 CSS 样式的设定。

一个动画由很多画面组成，每一个画面叫作一帧，其中动画运动变化的关键动作所处的帧叫作关键帧。创建动画必须定义关键帧，在 CSS3 中，使用 @keyframes 规则来创建动画，@keyframes 规则的语法格式如下：

```
@keyframes animation_name {
    keyframes-selector{ css-styles;}
    }
```

- animation_name：指定所创建动画的名称，它将作为调用该动画时的唯一标识，不能为空。
- keyframes-selector：关键帧选择器，指定当前关键帧在整个动画过程中的位置，值可以是 from 和 to，或者百分比。其中，from 和 0% 效果相同（表示动画的开始），to 和 100% 效果相同（表示动画的结束）。
- css-styles：定义执行到当前关键帧时对应的动画状态，由 CSS 样式属性进行定义，多个属性之间用分号分隔。网页元素正是通过从一个 CSS 样式状态到另一个 CSS 样式状态逐步变化而产生动画效果的。

例如，若要创建一个元素上下移动的动画效果，可以通过改变元素的 top 属性值来实现。在 @keyframes 规则中，可以使用 from 和 to 来定义动画开头、结尾两处关键帧（中间过渡变化计算机会自动完成），代码如下所示：

```
@keyframes mymovi1
    { from {top:0px;}
```

```
        to {top:200px;}
}
```

在 @keyframes 规则中，也可以通过百分比的方式来定义各关键帧。不仅可以定义开头、结尾两处元素的状态，还可以在 25%、50%、75% 等动画过程的任意位置增加关键帧，实现更加细腻的动画过程控制。代码如下所示：

```
@keyframes mymovi2
    { 0% {top:0px;}
        25% {top:200px;}
        50% {top:100px;}
        75% {top:200px;}
        100% {top:0px;}
}
```

比较上面两段代码，使用 from 和 to 的代码，只产生元素一次从上到下移动的效果，而使用百分比的代码，可产生元素多趟上下往返的动画效果。

2. 使用 animation 属性调用动画

CSS3 的 animation 属性用于调用由 @keyframes 规则创建的动画。和 transition 属性一样，animation 属性也是一个复合属性，其各个子属性的功能和设置也与 transition 属性的各个子属性类似，下面分别加以介绍。

（1）animation_name 属性

animation_name 属性指定要调用的由 @keyframes 规则创建的动画的名称。

语法格式：animation_name: keyframename | none;

● keyframename：要调用的动画的名称。

● none（默认值）：表示不应用任何动画，该设置也可以用于取消动画。

（2）animation-duration 属性

animation-duration 属性定义整个动画效果持续的时间。

语法格式：animation-duration: time;

● time：常用单位是秒 (s) 或者毫秒 (ms)。默认值为 0，表示不执行任何动画。当值为负数时，则被视为 0。

（3）animation-timing-function 属性

animation-timing-function 属性用来规定动画执行速度变化的时间曲线。

语法格式：

animation-timing-function: linear|ease|ease-in|ease-out|ease-in-out|cubic-bezier(n, n, n, n);

● 各属性值的含义与前面介绍的 transition 属性的 transition-timing-function 子属性的属性值相同，详见表 5-9，默认值为 ease。

（4）animation-delay 属性

animation-delay 属性定义执行动画之前延迟（等待）的时间。

语法格式：animation-delay: time;

● time：常用单位是秒 (s) 或者毫秒 (ms)。默认值为 0，即不延迟。

（5）animation-iteration-count 属性

animation-iteration-count 属性定义动画的播放次数。

语法格式：animation-iteration-count: number|infinite;

- number：一个整数，规定动画播放次数。默认值为 1，即动画默认只播放 1 次。
- infinitc：指定动画无限次循环播放。

（6）animation-direction 属性

animation-direction 属性定义动画播放的方向，即动画播放完成后是否逆向交替循环。

语法格式：animation-direction: normal | alternate;

- normal（默认值）：动画每次都顺向播放。
- alternate：动画会在奇数次（1、3、5 次等）顺向播放，而在偶数次（2、4、6 次等）逆向播放。

（7）animation 属性

animation 属性是以上各动画子属性的复合属性，可以对以上 6 个单项子属性进行复合设置。

语法格式：

animation: animation_name animation-duration animation-timing-function animation-delay animation-iteration-count animation-direction;

注意：对 animation 属性进行复合设置时，必须指定的子属性是 animation_name 和 animation-duration 属性，否则没有动画，或者动画持续时长默认为 0，也不会播放动画，其余子属性可默认。

下面通过具体案例来演示如何在 CSS3 中创建及调用动画。

【案例 5.6.4】CSS3 创建及调用动画示例（案例代码 \unit5\5.6.4.html）

```html
<!DOCTYPE html>
<html>
    <head>
        <meta charset="UTF-8">
        <title>5.6.4 CSS3 创建及调用动画示例 </title>
        <style type="text/css">
            div {width: 500px;height: 400px;margin: 100px auto;
                background: url(img/grass.jpg);background-size: 100% 100%;}
            img {width: 100px;      animation-name: mymovie;
                animation-duration: 3s;      animation-iteration-count: infinite;
                /* 以下是复合写法: */
                /*animation: mymovie 3s infinite;*/}
            @keyframesmymovie {
                from {transform: translate(0) rotateY(180deg);}
                50% {transform: translate(400px) rotateY(180deg);}
                51% {transform: translate(400px) rotateY(0deg);}
                to {transform: translate(0) rotateY(0deg);}                }
        </style>
    </head>
    <body>
        <div><img src="img/bird.gif"></div>
    </body>
```

</html>

案例 5.6.4 的运行效果如图 5-22 所示。

图 5-22　CSS3 创建及调用动画示例

 在线练习

扫描下面的二维码进行在线练习，可以帮助初学者掌握 CSS3 的过渡、变形及动画新特性。

5.6 在线练习

单元 6　Bootstrap 综合项目实战

本单元将在前面单元知识的基础上，介绍一种新的网页设计理念——响应式页面设计，针对不同屏幕大小的终端显示出合理的页面。需要用到响应式设计"神器"——Bootstrap，它能让响应式页面设计变得容易实现，提高前端开发工作效率，实现一次开发、多处适用。

✎ 学习目标

● 掌握 Bootstrap 的安装。
● 掌握 Bootstrap 的布局容器。
● 熟悉 Bootstrap 中的网格系统。
● 掌握使用 Bootstrap 制作导航栏。
● 掌握使用 Bootstrap 制作表单。
● 掌握使用 Bootstrap 制作轮播事件。

🌐 知识地图

6.1　项目描述

随着人民物质生活水平的提高，宠物走进了家家户户。但由于各种各样的原因，宠物成为流浪动物的现象屡有发生，导致流浪动物的数量越来越多。为了改善流浪动物的生存现状，让更多的小动物被领养是对社会的一份善心，也能缓解救助站的压力。本单元将带领读者实现一个响应式的"流浪动物领养"网站首页。

该网站首页 PC 端和移动端的展示效果分别如图 6-1 和图 6-2 所示。

图 6-1　响应式"流浪动物领养"网站首页 PC 端页面显示

图 6-2　响应式"流浪动物领养"网站
首页移动端页面显示

6.2　预备知识

6.2.1　Bootstrap 概述

Bootstrap，来自 Twitter，是目前最受欢迎的前端轻量型框架。Bootstrap 是基于 HTML、CSS、JavaScript 的，它简洁灵活，使得 Web 开发更加快捷。本单元将介绍 Bootstrap 框架的基础，通过学习这些内容，可以轻松创建响应式 Web 项目。

1. Bootstrap 下载

访问 Bootstrap 官方网站，或者 Bootstrap 中文网站，可以看到 Bootstrap 的各个版本，如图 6-3 所示。

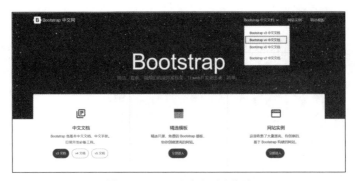

图 6-3　Bootstrap 中文网站首页

根据需求在首页导航栏中选择 Bootstrap 中文文档，本项目选择"Bootstrap v4 中文文档"，并在 Bootstrap v4 文档页面单击"下载 Bootstrap"按钮。在下载页面选择"经过编译的 CSS 和 JS"，再单击"下载 Bootstrap 生产文件"按钮，如图 6-4 所示。

图 6-4　Bootstrap 下载页面

下载成功后，解压缩 ZIP 文件，Bootstrap 文件夹中包含的文件，如图 6-5 所示。

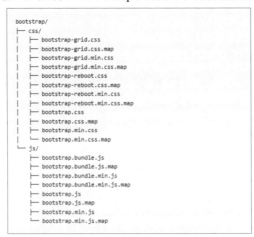

图 6-5　Bootstrap 文件夹中包含的文件

上述是 Bootstrap 软件包所包含的基本内容：预编译的文件可以快速用于任何 Web 项目。软件包提供了经过编译的 CSS 和 JS (bootstrap.*) 文件，以及既编译又压缩的 CSS 和 JS (bootstrap.min.*) 文件。Source maps (bootstrap.*.map) 文件可与某些浏览器的开发者工具协同使用。集成包的 JS 文件（bootstrap.bundle.js 及压缩后的 bootstrap.bundle.min.js）包含了 Popper，但并不包含 jQuery。

Bootstrap4 与 Bootstrap3 相比，拥有了更多的具体的类及把一些有关的部分变成了相关的组件，同时 Bootstrap.min.css 的大小减少了 40% 以上。

注意：Bootstrap4 放弃了对 IE8 及 iOS 6 的支持，仅支持 IE9 以上及 iOS 7 以上版本的浏览器。如果需要用之前的浏览器，请使用 Bootstrap3。

2. 环境安装

如果一个 HTML 文件想要使用 Bootstrap，该 HTML 文件必须导入 Bootstrap 文件夹下的 bootstrap.css、jquery.js、bootstrap.js 等文件，具体代码如下所示。

（1）为保证网页在移动端也能正常显示，确保适当地绘制和触屏缩放，需要在网页的 <head> 之中添加"viewport"（视口）<meta> 标签。

```
<!--width=device-width: 表示宽度是设备屏幕的宽度 , initial-scale=1 表示初始的缩放比例 ,shrink-to-
fit=no 表示自动适应手机屏幕 ( 兼容 iOS9）的宽度 -->
<meta name="viewport" content="width=device-width, initial-scale=1, shrink-to-fit=no">
```

（2）导入 bootstrap.css。

```
<link rel="stylesheet" href="css/bootstrap/bootstrap.css">
```

（3）导入 jQuery。Bootstrap 的所有 JavaScript 插件都依赖 jQuery，所以必须放在前边导入。

```
<script src="js/jquery-3.5.1.js"></script>
```

（4）加载 Bootstrap 的所有 JavaScript 插件，也可以根据需要只加载单个插件。

```
<script src="js/bootstrap/bootstrap.js"></script>
```

以下为使用 Bootstrap 的 HTML 模板文件。

【案例 6.2.1】Bootstrap 模板（案例代码 \unit6\6.2.1.html）

```
<!DOCTYPE html>
<html>
    <head>
        <meta charset="UTF-8">
        <!-- 1) 为了保证元素在移动端也能正常显示 -->
        <meta name="viewport" content="width=device-width, initial-scale=1, shrink-to-fit=no">
        <!-- 2) 导入 bootstrap.css -->
        <link rel="stylesheet" href="css/bootstrap/bootstrap.css">
        <title>Bootstrap 模板 </title>
    </head>
    <body>
        <!-- 3) jQuery (Bootstrap 的所有 JavaScript 插件都依赖 jQuery，所以必须放在前边 ) -->
        <script src="js/jquery-3.5.1.js"></script>
```

```
    <!-- 4) 加载 Bootstrap 的所有 JavaScript 插件。也可以根据需要只加载单个插件。 -->
    <script src="js/bootstrap/bootstrap.js"></script>
  </body>
</html>
```

6.2.2 Bootstrap 布局容器

Bootstrap 包中提供了两个容器类：.container 类和 .container-fluid 类，如图 6-6 所示。
.container 类适用于宽度固定且支持响应式布局的容器，代码如下所示：

```
<div class = "container" >
  ...
</div >
```

.container-fluid 类适用于设置 100% 宽度，且占据全部视口（viewport）的容器，代码
如下所示：

```
<div class = "container-fluid" >
  ...
</div >
```

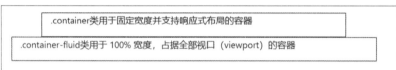

图 6-6　Bootstrap 布局容器

6.2.3 Bootstrap 网格系统

Bootstrap 提供了一套响应式、移动设备优先的流式网格系统，随着屏幕或视口
（viewport）尺寸的增加，系统会自动分为最多 12 列，我们也可以根据自己的需要，定义列数，
如图 6-7 所示。

Bootstrap 4 的网格系统是响应式的，"列"会根据屏幕大小自动重新排列。

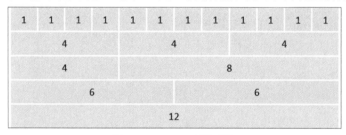

图 6-7　Bootstrap 网格系统

1. 网格系统工作原理

网格系统通过一系列包含内容的行和列来创建页面布局。下面列出了 Bootstrap 网格
系统的工作原理。

"行"必须放置在 .container（固定宽度）或 .container-fluid（全屏宽度）类的容器中，
以便获得适当的对齐（alignment）和内边距（padding）。

使用"行"来创建列的水平组。

内容应该放置在"列"内，且唯有"列"可以是"行"的直接子元素。

预定义的网格类，比如 .row 和 .col-xs-4，可用于快速创建网格布局。LESS 混合类可用于更多语义布局。

"列"通过内边距（padding）来创建列内容之间的间隙，该内边距是通过 .rows 上的外边距（margin）取负值实现的，表示第一列和最后一列的行偏移。

网格系统是通过指定想要横跨的 12 个可用的"列"来创建的。例如，要创建 3 个相等的"列"，则使用 3 个 .col-xs-4。

Bootstrap 3 和 Bootstrap 4 最大的区别在于 Bootstrap 4 现在使用 Flexbox（弹性盒子）而不是浮动。 Flexbox 的一大优势是，没有指定宽度的网格列将自动设置为等宽与等高列。

Bootstrap 官网总结了网格系统如何跨多个设备工作的网格参数，如图 6-8 所示。

	超小设备 <576px	平板 ≥576px	桌面显示器 ≥768px	大桌面显示器 ≥992px	超大桌面显示器 ≥1200px
容器最大宽度	None (auto)	540px	720px	960px	1140px
类前缀	.col-	.col-sm-	.col-md-	.col-lg-	.col-xl-
列数量和	12				
间隙宽度	30px （一个列的每边分别 15px）				
可嵌套	Yes				
列排序	Yes				

图 6-8　网格参数

2. offset 偏移列

偏移是一个用于更专业的布局功能，可以为"列"腾出更多的空间。使用 .col-md-offset-* 类会把一个列的左外边距（margin）增加 * 列，其中 * 取值范围是从 1 到 11。.col-xs-* 类不支持偏移，但是可以使用一个空的单元格来实现效果。

3. 列排序

Bootstrap 网格系统使用 .col-md-push-* 和 .col-md-pull-* 类，通过位置移动达到移动的效果，其中 * 取值范围是从 1 到 11。

偏移（offset）、推（push）、拉（pull）参照的相对位置都是左侧，即相对于左侧进行偏移、推、拉。

4. 媒体查询

Bootstrap 中的媒体查询允许基于视口大小移动、显示并隐藏内容，媒体查询由媒体类型和条件表达式组成。

```
/* 超小设备（手机，小于 768px）*/
/* Bootstrap 中默认情况下没有媒体查询 */

/* 小型设备（平板电脑，768px 起）*/
@media (min-width: @screen-sm-min) { ... }
/* @media screen and (min-width: 768px) { ... } */

/* 中型设备（台式计算机，992px 起）*/
```

```
@media (min-width: @screen-md-min) { ... }
/* @media screen and (min-width: 992px) { ... } */

/* 大型设备（大台式计算机，1200px 起）*/
@media (min-width: @screen-lg-min) { ... }
/* @media screen and (min-width: 1200px) { ... } */
```

媒体查询有两个部分：一部分是设备规范，另一部分是大小规则。对于所有带有 min-width: @screen-sm-min 的设备，如果屏幕的宽度小于 @screen-sm-max，则会进行一些处理。

```
@media (min-width: @screen-sm-min) and (max-width: @screen-sm-max) { ... }
```

6.2.4　Bootstrap 导航栏

Bootstrap 导航栏作为页头的响应式基础组件，在移动设备的视图中是折叠的，随着可用视口宽度的增加，导航栏会水平展开。

导航栏容器内通常包含以下几个常用组件：

- 品牌 Logo（.navbar-brand）。
- 导航菜单（.navbar-nav）。
- 导航文本（.navbar-text）。
- 折叠导航按钮（.navbar-toggle）。
- 表单（.form-inline）。

（1）导航容器一般使用 <nav> 标签来定义

```
<nav class="navbar">...</nav>
```

（2）导航菜单一般使用 <ul>、<li> 来定义

```
<nav class="navbar navbar-expand-md navbar-light bg-light myNav container">
    <ul class="navbar-nav mr-auto">
        <li class="nav-item active mr-5">
            <a class="nav-link" href="#"> 首页 <span class="sr-only">(current)</span> </a>
        </li>
        <li class="nav-item mr-4">
            <a class="nav-link" href="#"> 领养队伍 </a>
        </li>
        <li class="nav-item mr-4">
            <a class="nav-link" href="#"> 关于我们 </a>
        </li>
        <li class="nav-item mr-4">
            <a class="nav-link" href="#"> 新闻中心 </a>
        </li>
        <li class="nav-item mr-4">
            <a class="nav-link" href="#"> 公益项目 </a>
        </li>
        <li class="nav-item mr-4">
            <a class="nav-link" href="#"> 联系我们 </a>
        </li>
    </ul>
```

```
</nav>
```

（3）向导航栏中添加品牌元素（.navbar-brand）

```
<a class="navbar-brand" href="#">
    <img src="./images/logo.png" alt="" style="width: 60px;height: 60px;">
</a>
```

（4）折叠导航：小屏幕上我们都会折叠导航栏，通过单击来显示导航选项

```
<button class="navbar-toggler" type="button" data-toggle="collapse"
    data-target="#navbarSupportedContent" aria-controls="navbarSupportedContent"
    aria-expanded="false" aria-label="Toggle navigation">
    <span class="navbar-toggler-icon"></span>
</button>
<div class="collapse navbar-collapse myNavBar" id="navbarSupportedContent">
<!-- 把菜单包含在容器内 -->
</div>
```

折叠导航的注意事项有以下几项：
● 定义折叠按钮时除了折叠的属性，还必须加上样式：.navbar-toggler。
● 在折叠按钮内加上折叠图标，样式为 .navbar-toggler-icon。
● 菜单要包含在一个容器内，容器必须包含样式：.collapse 和 .navbar-collapse。

（5）导航内加表单时，一定要把表单加上内联样式（.form-inline）

```
<form class="form-inline my-2 my-lg-0">
    <input class="form-control mr-sm-2" type="search" placeholder="Search" aria-label="Search">
    <button class="btn btn-outline-success my-2 my-sm-0" type="submit">Search </button>
</form>
```

6.2.5　Bootstrap 表单

Bootstrap 通过一些简单的 HTML 标签和扩展的类即可创建出不同样式的表单。表单元素 <input>、<textarea> 和 <select> elements 在使用 .form-control 类的情况下，宽度都设置为 100%。

Bootstrap 4 提供了以下两种表单布局：
● 堆叠表单 (全屏宽度)：垂直方向。
● 内联表单：水平方向。

1. 堆叠表单 (全屏宽度)：垂直方向

堆叠表单结构是 Bootstrap 自带的，个别的表单控件自动接收一些全局样式。把标签和控件放在一个带有 .form-group 类的 <div> 中，获取最佳间距，如图 6-9 所示。

```
<form action="">
    <div class="form-group">
        <label for="email"> 邮箱 :</label>
        <input type="email" class="form-control" placeholder=" 请输入邮箱 " id="email">
    </div>
    <div class="form-group">
```

```
            <label for="pwd"> 密码 :</label>
            <input type="password" class="form-control" placeholder=" 请输入密码 " id="pwd">
        </div>
        <div class="form-group form-check">
            <label class="form-check-label">
                <input class="form-check-input" type="checkbox"> 记住我
            </label>
        </div>
        <button type="submit" class="btn btn-primary"> 提交 </button>
    </form>
```

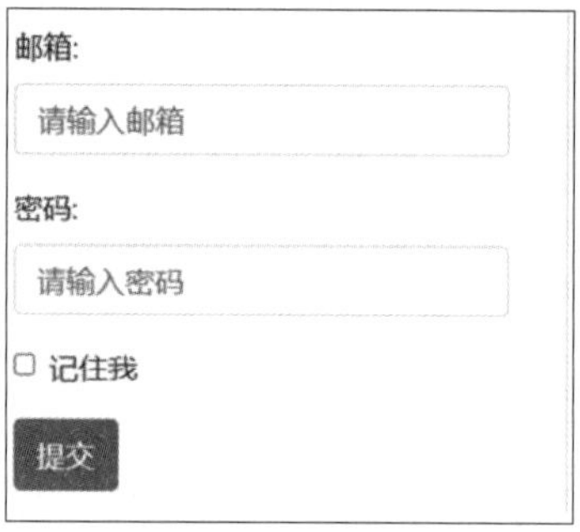

图 6-9　堆叠表单

2. 内联表单: 水平方向

所有内联表单中的元素都是左对齐的。内联表单需要在 form 元素上添加 .form-inline 类，如图 6-10 所示。

```
<form class="form-inline">
    <label for="email"> 邮箱 :</label>
    <input type="email" class="form-control" id="email" placeholder=" 请输入邮箱 ">
    <label for="pwd"> 密码 :</label>
    <input type="password" class="form-control" id="pwd" placeholder=" 请输入密码 ">
    <div class="form-check">
        <label class="form-check-label">
            <input class="form-check-input" type="checkbox"> 记住我
        </label>
    </div>
    <button type="submit" class="btnbtn-primary"> 提交 </button>
</form>
```

图 6-10　内联表单

注意：在屏幕宽度小于 576px 时采用垂直堆叠，如果屏幕宽度大于等于 576px 时表单元素才会显示在同一个水平线上。

6.2.6　Bootstrap 按钮

1. 按钮样式类

Bootstrap 定义按钮非常简单，任何带有 .btn 类的元素都会继承"圆角灰色按钮"的默认外观。Bootstrap 4 提供了一些预定义的类来定义各种按钮的样式，如图 6-11 所示。

类	描述
.btn	为按钮添加基本样式
btn-default	默认/标准按钮
btn-primary	原始按钮样式（未被操作）
btn-success	表示成功的动作
btn-info	该样式可用于要弹出信息的按钮
btn-warning	表示需要谨慎操作的按钮
btn-danger	表示一个危险动作的按钮操作
btn-link	让按钮看起来像个链接（仍然保留按钮行为）
btn-lg	制作一个大按钮
btn-sm	制作一个小按钮
btn-xs	制作一个超小按钮
.btn-block	块级按钮（拉伸至父元素100%的宽度）
.active	按钮被单击
.disabled	禁用按钮

图 6-11　按钮样式类

下面代码定义了 10 种常见类型的按钮，如图 6-12 所示。

```
<button type="button" class="btn"> 基本按钮 </button>
<button type="button" class="btn btn-primary"> 主要按钮 </button>
<button type="button" class="btn btn-secondary"> 次要按钮 </button>
<button type="button" class="btn btn-success"> 成功 </button>
<button type="button" class="btn btn-info"> 信息 </button>
<button type="button" class="btn btn-warning"> 警告 </button>
<button type="button" class="btn btn-danger"> 危险 </button>
<button type="button" class="btn btn-dark"> 黑色 </button>
<button type="button" class="btn btn-light"> 浅色 </button>
<button type="button" class="btn btn-link"> 链接 </button>
```

图 6-12　Bootstrap 按钮样式

按钮类除了可应用于 <button> 元素上，还可以应用于 <a>、<input> 元素上。各种按钮元素应用按钮类的效果如图 6-13 所示。

```
<a href="#" class="btn btn-info" role="button"> 链接按钮 </a>
<button type="button" class="btn btn-info"> 按钮 </button>
<input type="button" class="btn btn-info" value=" 输入框按钮 ">
<input type="submit" class="btn btn-info" value=" 提交按钮 ">
```

图 6-13　Bootstrap 按钮元素

2. 按钮大小类

Bootstrap 4 可以设置按钮的大小，还可以通过添加 .btn-block 类设置块级按钮，描述如图 6-14 所示。

Class	描述
.btn-lg	这会让按钮看起来比较大。
.btn-sm	这会让按钮看起来比较小。
btn-xs	这会让按钮看起来特别小。
.btn-block	这会创建块级的按钮，会横跨父元素的全部宽度。

图 6-14　按钮大小类

代码实现如下所示，运行结果如图 6-15 所示。

```
<button type="button" class="btn btn-primary btn-lg"> 大号按钮 </button>
<button type="button" class="btn btn-primary"> 默认按钮 </button>
<button type="button" class="btn btn-primary btn-sm"> 小号按钮 </button>
<button type="button" class="btn btn-primary btn-block"> 块级按钮 </button>
```

图 6-15　Bootstrap 按钮大小

3. 按钮状态类

Bootstrap 提供了激活、禁用等按钮状态的类。

（1）激活状态

按钮在激活时将呈现为被按压的外观（深色的背景、深色的边框、阴影），描述如图 6-16 所示。

元素	Class
按钮元素	添加 .active class 来显示它是激活的。
锚元素	添加 .active class 到 <a> 按钮来显示它是激活的。

图 6-16　Bootstrap 激活状态

（2）禁用状态

当禁用一个按钮时，它的颜色会变淡 50%，并失去渐变，描述如图 6-17 所示。

元素	Class
按钮元素	添加 disabled 属性 到 <button> 按钮。
锚元素	添加 disabled class 到 <a> 按钮。

图 6-17　Bootstrap 禁用状态

代码实现如下所示，运行结果如图 6-18 所示。

```
<button type="button" class="btn btn-primary"> 主要按钮 </button>
<button type="button" class="btn btn-primary active"> 点击后的按钮 </button>
<button type="button" class="btn btn-primary" disabled> 禁止单击的按钮 </button>
<a href="#" class="btn btn-primary disabled"> 禁止单击的链接 </a>
```

图 6-18　Bootstrap 按钮状态

6.2.7　Bootstrap 轮播插件

Bootstrap 轮播（Carousel）插件是一种灵活的响应式的向站点添加滑块的方式，内容灵活，可以是图像、内嵌框架、视频或者其他任何类型的内容。以在网页中设置轮播图为例，所需的类说明，如图 6-19 所示。

类	描述
.carousel	创建一个轮播
.carousel-indicators	为轮播添加一个指示符，就是轮播图底下的一个个小点，轮播的过程可以显示目前是第几张图。
.carousel-inner	添加要切换的图片
.carousel-item	指定每个图片的内容
.carousel-control-prev	添加左侧的按钮，单击会返回上一张。
.carousel-control-next	添加右侧按钮，单击会切换到下一张。
.carousel-control-prev-icon	与 .carousel-control-prev 一起使用，设置左侧的按钮
.carousel-control-next-icon	与 .carousel-control-next 一起使用，设置右侧的按钮
.slide	切换图片的过渡和动画效果，如果你不需要这样的效果，可以删除这个类。

图 6-19　Bootstrap 轮播图所需类的说明

在每个 <div class="carousel-item"> 内添加 <div class="carousel-caption"> 来设置轮播图片的描述文本。

```
<!-- 图片对应标题和描述内容 -->
<div class="carousel-caption">
    <h3> 图片标题 </h3>
    <P> 描述内容 ...</p>
</div>
```

6.3　项目分析

Bootstrap 响应式"流浪动物领养"网站首页在 PC 端和移动端对比效果，如图 6-20 所示。以 PC 端为例，网站首页的原型结构，如图 6-21 所示。

（1）header 区域：包含网站 Logo、响应式导航栏和内联表单。

（2）Carousel 区域：轮播图展示区。

（3）领养要求区域：使用网格系统设置，在 PC 端水平排列，在移动端垂直排列。

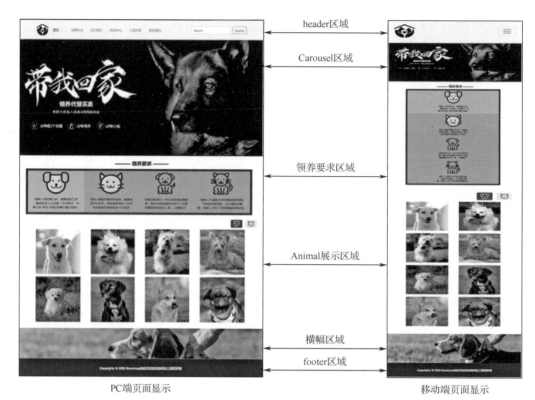

PC端页面显示   移动端页面显示

图 6-20　网站首页在 PC 端和移动端对比效果图

（4）Animal 展示区域：根据区域右上角不同动物种类的单击索引，切换区域展示的动物图片。

（5）横幅区域：使用布局容器和背景属性设置实现 PC 端和移动端图像全覆盖。

（6）footer 区域：使用布局容器和媒体查询实现内容自适应 PC 端和移动端。

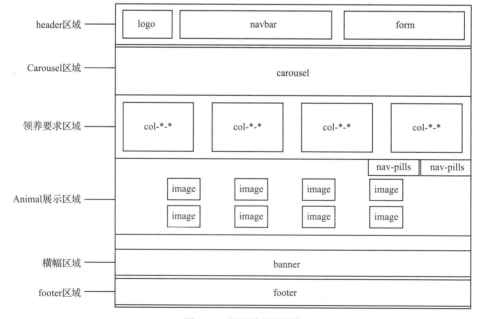

图 6-21　首页原型结构图

6.4　代码实现

6.4.1　区域代码实现

下面按网页的各个不同区域，分别给出代码实现。

1. header 区域代码

header 区域在 PC 端和移动端的网页效果分别如图 6-22 和图 6-23 所示，代码如下。

【案例 6.4.1】header 区域代码（案例代码 \unit6\6.4.1.html）

```html
<!DOCTYPE html>
<html>
    <head>
        <meta charset="UTF-8">
        <meta name="viewport" content="width=device-width, initial-scale=1, shrink-to-fit=no">
        <link rel="stylesheet" href="css/bootstrap/bootstrap.css">
        <style>
            * {margin: 0;padding: 0;box-sizing: border-box;}
            html,body {height: 100%;width: 100%;}
            .header {background-color: #f8f9fa;
                box-shadow: 12px -5px 39px -12px;
                /* 盒子阴影：水平方向 12px 垂直方向 -5px 模糊程度 39px 阴影的尺寸 -12px*/
                padding: 0;}
            .myNav {height: 100px;}
            @media screen and (max-width: 720px) {
                .navbar-toggler,.navbar-brand {margin-top: -10px;}
                .myNavBar {background-color: #fff;width: 100vw;z-index: 999;padding: 25px;}
            }
        </style>
        <title>header 区域 </title>
    </head>
    <body>
        <!-- header 区域 -->
        <div class="container-fluid header">
            <nav class="navbar navbar-expand-md navbar-light bg-light myNav container">
                <a class="navbar-brand" href="#">
                    <img src="./images/logo.png" alt="" style="width: 60px;height: 60px;">
                </a>
                <button class="navbar-toggler" type="button" data-toggle="collapse" data-target="#navbarSupportedContent" aria-controls="navbarSupportedContent" aria-expanded="false" aria-label="Toggle navigation">
                    <span class="navbar-toggler-icon"></span>
                </button>
                <div class="collapse navbar-collapse myNavBar" id="navbarSupportedContent">
                    <ul class="navbar-nav mr-auto">
                        <li class="nav-item active mr-5"><a class="nav-link" href="#"> 首页 <span class="sr-only">(current)</span></a></li>
                        <li class="nav-item mr-4"><a class="nav-link" href="#"> 领养队伍 </a></li>
                        <li class="nav-item mr-4"><a class="nav-link" href="#"> 关于我们 </a></li>
                        <li class="nav-item mr-4"><a class="nav-link" href="#"> 新闻中心 </a></li>
                        <li class="nav-item mr-4"><a class="nav-link" href="#"> 公益项目 </a></li>
                        <li class="nav-item mr-4"><a class="nav-link" href="#"> 联系我们 </a></li>
```

```
                    </ul>
                    <form class="form-inline my-2 my-lg-0">
                        <input class="form-control mr-sm-2" type="search" placeholder="Search"
aria-label="Search">
                        <button class="btn btn-outline-success my-2 my-sm-0" type
="submit">Search</button>
                    </form>
                </div>
            </nav>
        </div>
        <script src="js/jquery-3.5.1.js"></script>
        <script src="js/bootstrap/bootstrap.js"></script>
    </body>
</html>
```

图 6-22　header 区域 PC 端页面显示

图 6-23　header 区域移动端页面显示

2. Carousel 区域代码

Carousel 区域在 PC 端和移动端的网页效果分别如图 6-24 和图 6-25 所示，代码如下。

【案例 6.4.2】Carousel 区域（案例代码 \unit6\6.4.2.html）

```
<!DOCTYPE html>
<html>
    <head>
        <meta charset="UTF-8">
        <meta name="viewport" content="width=device-width, initial-scale=1, shrink-to-fit=no">
        <link rel="stylesheet" href="css/bootstrap/bootstrap.css">
        <style>
            * {margin: 0; padding: 0; box-sizing: border-box;}
```

```
            html,body {height: 100%; width: 100%;}
            .search {height: 600px; padding: 0; overflow: hidden;}
            .carousel-item {background-position: center -300px; background-size: cover; background-
repeat: no-repeat;}
            @media screen and (max-width: 720px) {
                .search {height: 380px;}
                .carousel-item {background-size: 125%; background-position: top;}
            }
            @media screen and (max-width: 576px) {
                .search {height: 185px;}
                .carousel-item {background-size: 140%; background-position: center -100px;}
            }
            @media screen and (max-width: 540px) {
                .carousel-item {background-size: 140%; background-position: center -100px;}
            }
        </style>
        <title>carousel 区域 </title>
    </head>
    <body>
        <!-- carousel 区域 -->
        <div class="search">
            <div id="carouselExampleIndicators" class="carousel slide" data-ride="carousel">
                <div class="carousel-inner">
                    <div class="carousel-item active" style="background-image: url('./images/
swiper1.png')">
                        <img src="./images/swiper1.png" alt="" style="opacity: 0">
                    </div>
                    <div class="carousel-item" style="background-image: url('./images/swiper2.png')">
                        <img src="./images/swiper2.png" alt="" style="opacity: 0">
                    </div>
                </div>
            </div>
        </div>
        <script src="js/jquery-3.5.1.js"></script>
        <script src="js/bootstrap/bootstrap.js"></script>
    </body>
</html>
```

图 6-24　Carousel 区域 PC 端页面显示

图 6-25　Carousel 区域移动端页面显示

3. 领养要求区域

领养要求区域在 PC 端和移动端的网页效果分别如图 6-26 和图 6-27 所示，代码如下。

【案例 6.4.3】领养要求区域代码（案例代码 \unit6\6.4.3.html）

```html
<!DOCTYPE html>
<html>
    <head>
        <meta charset="UTF-8">
        <meta name="viewport" content="width=device-width, initial-scale=1, shrink-to-fit=no">
        <link rel="stylesheet" href="css/bootstrap/bootstrap.css">
        <style>
            * {margin: 0; padding: 0; box-sizing: border-box;}
            html,body {height: 100%;width: 100%;}
            .display {width: 100%; padding: 10px; flex-wrap: wrap; justify-content: space-between; box-sizing: border-box; background-color: blue;}
            .display-title {margin-top: 30px; text-align: center; font-size: 25px; font-weight: bold; margin-bottom: 10px;}
            @media screen and (max-width: 576px) {
                .display-title {font-size: 20px;}
            }
            .item {display: flex; justify-content: center; flex-wrap: wrap; background-color: skyblue; padding: 0;}
            .item:nth-of-type(1) {background-color: pink;}
            .item>p {flex: 100%; text-align: center;}
            .item>h2 {font-size: 16px;}
            .item>p {font-size: 14px; margin-top: 10px;}
            li {list-style: none;}
        </style>
        <title> 领养要求区域 </title>
    </head>
    <body>
        <!-- 领养要求区域 -->
        <div class="container">
            <div class="display-title">———领养要求———</div>
            <div class="container display row">
                <div class="item col-12 col-lg-3">
                    <img src="./images/ 小狗 1.png" alt="">
                    <p> 领养人须年满 22 岁,有稳定的工作 <br>,稳定的收入 he 住房（不符条件:
未 <br> 满 22 岁 / 学生 / 合租 / 店铺不建议领养） </p>
```

```
                    </div>
                    <div class="item col-12 col-lg-3">
                        <img src="./images/ 小猫 1.png" alt="">
                        <p> 领养人要爱护看护好动物，家里有 <br> 防护栏防护。领养宠物须在一年
内 <br> 完成绝育和接受固定 10 次回访 </p>
                    </div>
                    <div class="item col-12 col-lg-3">
                        <img src="./images/ 小狗 2.png" alt="">
                        <p> 领养动物须在一年之内完成动物绝 <br> 育（请及时把绝育时的照片以及
医 <br> 院票据发给回访人员，以便登记）</p>
                    </div>
                    <div class="item col-12 col-lg-3">
                        <img src="./images/ 小猫 2.png" alt="">
                        <p> 领养人不得因为任何理由遗弃或私 <br> 下转送领养宠物，为方便回访管
<br> 理，领养人勿私下将领养猫带离主城。</p>
                    </div>
                </div>
            </div>
            <script src="js/jquery-3.5.1.js"></script>
            <script src="js/bootstrap/bootstrap.js"></script>
        </body>
    </html>
```

图 6-26　领养要求区域 PC 端页面显示

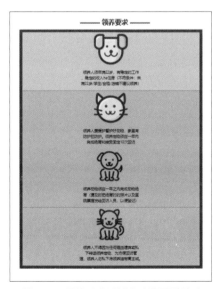

图 6-27　领养要求区域移动端页面显示

4. Animal 展示区域

Animal 展示区域在 PC 端和移动端的网页效果分别如图 6-28 和图 6-29 所示，代码如下。

【案例 6.4.4】Animal 展示区域代码（案例代码 \unit6\6.4.4.html）

```html
<!DOCTYPE html>
<html>
    <head>
        <meta charset="UTF-8">
        <meta name="viewport" content="width=device-width, initial-scale=1, shrink-to-fit=no">
        <link rel="stylesheet" href="css/bootstrap/bootstrap.css">
        <style>
            * {margin: 0; padding: 0; box-sizing: border-box;}
            html,body {height: 100%; width: 100%;}
            li {list-style: none;}
            .hot {padding: 10px;}
            .top {width: 100%; display: flex; justify-content: flex-end;}
            .top li {width: 58px; height: 40px; background-color: #e8effa; margin-left: 15px; border-radius:
5px; text-align: center; line-height: 40px; background-position: center; background-repeat: no-repeat;}
            .topli:nth-of-type(1) {background-image: url("./images/dog_icon.png");}
            .topli:nth-of-type(2) {background-image: url("./images/cat_icon.png");}
            .topli.active {background-color: #475669; color: #fff;}
            .topli:nth-of-type(1).active {background-image: url("./images/dog_icon_active.png");}
            .topli:nth-of-type(2).active {background-image: url("./images/cat_icon_active.png");}
            .hot a {display: block; width: 100%; height: 100%;}
            .bottom {flex-wrap: wrap; display: none; padding: 0;}
            .bottom.active {display: flex; justify-content: flex-start;}
            .bottom li {flex: 25%; display: flex; align-items: center; justify-content: flex-start; margin-bottom:
15px;}
            .bottom li img {width: 80%; height: 100%; object-fit: cover;}
            @media screen and (max-width: 768px) {
                .bottom li {flex: 50%;}
            }
        </style>
        <title>Animal 展示区域 </title>
    </head>
    <body>
        <!-- Animal 展示区域 -->
        <ul class="nav nav-pills container hot top">
            <li class="active" role="presentation"><a href="#dog" role="tab" data-toggle="pill"></a></li>
            <li role="presentation"><a href="#cat" role="tab" data-toggle="pill"></a></li>
        </ul>
        <div class="tab-content container">
            <ul id="dog" class="bottom active tab-pane">
                <li><img src="./images/1.png" alt=""></li>
                <li><img src="./images/2.png" alt=""></li>
                <li><img src="./images/3.png" alt=""></li>
                <li><img src="./images/4.png" alt=""></li>
```

```
                    <li><img src="./images/5.png" alt=""></li>
                    <li><img src="./images/6.png" alt=""></li>
                    <li><img src="./images/7.png" alt=""></li>
                    <li><img src="./images/8.png" alt=""></li>
                </ul>
                <ul id="cat" class="bottom tab-pane">
                    <li><img src="./images/9.png" alt=""></li>
                    <li><img src="./images/10.png" alt=""></li>
                    <li><img src="./images/11.png" alt=""></li>
                    <li><img src="./images/12.png" alt=""></li>
                    <li><img src="./images/13.png" alt=""></li>
                    <li><img src="./images/14.png" alt=""</li>
                    <li><img src="./images/15.png" alt=""></li>
                    <li><img src="./images/16.png" alt=""></li>
                </ul>
            </div>
            <script src="js/jquery-3.5.1.js"></script>
            <script src="js/bootstrap/bootstrap.js"></script>
            <script>
                // 根据单击索引切换 Animal 展示区域内容
                $(".top li").click(function() {
                    let index = $(this).index()
                    // 给当前单击项添加 active 类名呈现绿色背景并去除其兄弟元素的 active 类名隐
藏绿色背景
                    $(this).addClass('active').siblings().removeClass('active')
                })
            </script>
        </body>
    </html>
```

图 6-28　Animal 展示区域 PC 端页面显示

图 6-29　Animal 展示区域移动端页面显示

5. 横幅区域

横幅区域在 PC 端和移动端的网页效果分别如图 6-30 和图 6-31 所示，代码如下。

【案例 6.4.5】横幅区域代码（案例代码 \unit6\6.4.5.html）

```html
<!DOCTYPE html>
<html>
    <head>
        <meta charset="UTF-8">
        <meta name="viewport" content="width=device-width, initial-scale=1, shrink-to-fit=no">
        <link rel="stylesheet" href="css/bootstrap/bootstrap.css">
        <style>
            * {margin: 0; padding: 0; box-sizing: border-box;}
            html,body {height: 100%; width: 100%;}
            .banners {width: 100%; padding: 0; height: 20%; background-image: url("./images/animal2.png");
background-repeat: no-repeat; background-size: cover; background-position: top center;}
        </style>
        <title> 横幅区域 </title>
    </head>

    <body>
        <!-- 横幅区域 -->
        <div class="banners container-fluid"></div>
        <script src="js/jquery-3.5.1.js"></script>
        <script src="js/bootstrap/bootstrap.js"></script>
    </body>
</html>
```

图 6-30　横幅区域 PC 端页面显示

图 6-31　横幅区域移动端页面显示

6. footer 区域代码

footer 区域在 PC 端和移动端的网页效果分别如图 6-32 和图 6-33 所示，代码如下。

【案例 6.4.6】footer 区域代码（案例代码 \unit6\6.4.6.html）

```html
<!DOCTYPE html>
<html>
    <head>
        <meta charset="UTF-8">
        <meta name="viewport" content="width=device-width, initial-scale=1, shrink-to-fit=no">
        <link rel="stylesheet" href="css/bootstrap/bootstrap.css">
        <style>
            * {margin: 0; padding: 0; box-sizing: border-box;}
            html,body {height: 100%; width: 100%;}
            @media screen and (max-width: 768px) {
                .bottom li {flex: 50%;}
                .footer {font-size: 12px;}
            }
            .footer {text-align: center; line-height: 100px; background-color: #1d2124; color: #fff;}
        </style>
        <title>footer 区域 </title>
    </head>
    <body>
        <!-- footer 区域 -->
        <div class="footer container-fluid">
            <p>Copyrights © 2022 Bootstrap 响应式流浪动物网站 | 版权所有 </p>
        </div>
        <script src="js/jquery-3.5.1.js"></script>
        <script src="js/bootstrap/bootstrap.js"></script>
    </body>
</html>
```

图 6-32　footer 区域 PC 端页面显示

图 6-33　footer 区域移动端页面显

6.4.2　完整代码实现

1. 完整 HTML 代码

该项目完整的 HTML 页面代码如下所示（案例代码 \unit6\index.html）：

```html
<!DOCTYPE html>
<html>
    <head>
        <meta charset="UTF-8">
        <meta name="viewport" content="width=device-width, initial-scale=1, shrink-to-fit=no">
        <link rel="stylesheet" href="css/bootstrap/bootstrap.css">
        <!-- 导入首页样式文件 -->
        <link rel="stylesheet" href="css/myIndex.css">
        <title>Bootstrap 流浪动物首页 .html</title>
    </head>
    <body>
        <!-- header 区域 -->
        <div class="container-fluid header">
            <nav class="navbar navbar-expand-md navbar-light bg-light myNav container">
                <a class="navbar-brand" href="#">
                    <img src="./images/logo.png" alt="" style="width: 60px;height: 60px;">
                </a>
                <button class="navbar-toggler" type="button" data-toggle="collapse"
                        data-target="#navbarSupportedContent" aria-controls="navbarSupportedContent"
aria-expanded="false" aria-label="Toggle navigation">
                    <span class="navbar-toggler-icon"></span>
                </button>
                <div class="collapse navbar-collapse myNavBar" id="navbarSupportedContent">
                    <ul class="navbar-nav mr-auto">
                        <li class="nav-item active mr-5"><a class="nav-link" href="#"> 首页 <span class=
"sr-only">(current)</span></a></li>
                        <li class="nav-item mr-4"><a class="nav-link" href="#"> 领养队伍 </a></li>
                        <li class="nav-item mr-4"><a class="nav-link" href="#"> 关于我们 </a></li>
                        <li class="nav-item mr-4"><a class="nav-link" href="#"> 新闻中心 </a></li>
                        <li class="nav-item mr-4"><a class="nav-link" href="#"> 公益项目 </a></li>
                        <li class="nav-item mr-4"><a class="nav-link" href="#"> 联系我们 </a></li>
                    </ul>
                    <form class="form-inline my-2 my-lg-0">
```

```
                    <input class="form-control mr-sm-2" type="search" placeholder="Search"
aria-label="Search">
                        <button class="btn btn-outline-success my-2 my-sm-0" type=
"submit">Search</button>
                    </form>
                </div>
            </nav>
        </div>
        <!-- header 区域结束 -->
        <!-- carousel 区域 -->
        <div class="search">
            <div id="carouselExampleIndicators" class="carousel slide" data-ride="carousel">
                <div class="carousel-inner">
                    <div class="carousel-item active" style="background-image: url('./images/swiper1.png')">
                        <img src="./images/swiper1.png" alt="" style="opacity: 0">
                    </div>
                    <div class="carousel-item" style="background-image: url('./images/swiper2.png')">
                        <img src="./images/swiper2.png" alt="" style="opacity: 0">
                    </div>
                </div>
            </div>
        </div>
        <!-- carousel 区域结束 -->
        <!-- 领养要求区域 -->
        <div class="container">
            <div class="display-title">———领养要求———</div>
            <div class="container display row">
                <div class="item col-12 col-lg-3">
                    <img src="./images/ 小狗 1.png" alt="">
                    <p> 领养人须年满 22 岁，有稳定的工作 <br>，稳定的收入 he 住房（不符条件：
未 <br> 满 22 岁 / 学生 / 合租 / 店铺不建议领养）</p>
                </div>
                <div class="item col-12 col-lg-3">
                    <img src="./images/ 小猫 1.png" alt="">
                    <p> 领养人要爱护看护好动物，家里有 <br> 防护栏防护。领养宠物须在一年
内 <br> 完成绝育和接受固定 10 次回访 </p>
                </div>
                <div class="item col-12 col-lg-3">
                    <img src="./images/ 小狗 2.png" alt="">
                    <p> 领养动物须在一年之内完成动物绝 <br> 育（请及时把绝育时的照片以及
医 <br> 院票据发给回访人员，以便登记）</p>
                </div>
                <div class="item col-12 col-lg-3">
                    <img src="./images/ 小猫 2.png" alt="">
                    <p> 领养人不得因为任何理由遗弃或私 <br> 下转送领养宠物，为方便回访管
<br> 理，领养人勿私下将领养猫带离主城。</p>
                </div>
            </div>
        </div>
        <!-- 领养要求区域结束 -->
        <!-- Animal 展示区域 -->
```

```html
<ul class="nav nav-pills container hot top">
    <li class="active" role="presentation"><a href="#dog" role="tab" data-toggle="pill"></a></li>
    <li role="presentation"><a href="#cat" role="tab" data-toggle="pill"></a></li>
</ul>
<div class="tab-content container">
    <ul id="dog" class="bottom active tab-pane">
        <li><img src="./images/1.png" alt=""></li>
        <li><img src="./images/2.png" alt=""></li>
        <li><img src="./images/3.png" alt=""></li>
        <li><img src="./images/4.png" alt=""></li>
        <li><img src="./images/5.png" alt=""></li>
        <li><img src="./images/6.png" alt=""></li>
        <li><img src="./images/7.png" alt=""></li>
        <li><img src="./images/8.png" alt=""></li>
    </ul>
    <ul id="cat" class="bottom tab-pane">
        <li><img src="./images/9.png" alt=""></li>
        <li><img src="./images/10.png" alt=""></li>
        <li><img src="./images/11.png" alt=""></li>
        <li><img src="./images/12.png" alt=""></li>
        <li><img src="./images/13.png" alt=""></li>
        <li><img src="./images/14.png" alt=""></li>
        <li><img src="./images/15.png" alt=""></li>
        <li><img src="./images/16.png" alt=""></li>
    </ul>
</div>
<!-- Animal 展示区域结束 -->
<!-- 横幅区域 -->
<div class="banners container-fluid"></div>
<!-- 横幅区域结束 -->
<!-- footer 区域 -->
<div class="footer container-fluid">
    <p>Copyrights © 2022 Bootstrap 响应式流浪动物网站 | 版权所有 </p>
</div>
<!-- footer 区域结束 -->
<script src="js/jquery-3.5.1.js"></script>
<script src="js/bootstrap/bootstrap.js"></script>
<script>
    $('.carousel').carousel({
        // 修改自动轮播时间
        interval: 2000
    })
    // 根据单击索引切换 Animal 展示区域内容
    $(".top li").click(function() {
        let index = $(this).index()
        // 给当前单击项添加 active 类名呈现绿色背景并去除其兄弟元素的 active 类名隐
藏绿色背景
        $(this).addClass('active').siblings().removeClass('active')
    })
</script>
</body>
```

```
</html>
```

2. 完整 CSS 代码

该项目完整的 CSS 代码如下所示（案例代码 \unit6\css\myIndex.css）：

```css
* {margin: 0; padding: 0; box-sizing: border-box;}
html, body {height: 100%; width: 100%;}
.header {background-color: #f8f9fa;
        box-shadow: 12px -5px 39px -12px;/* 盒子阴影：水平方向 12px 垂直方向 -5px 模糊程度 39px 阴影
的尺寸 -12px*/
        padding: 0;}
.myNav {height: 100px;}
@media screen and (max-width: 720px) {
.navbar-toggler, .navbar-brand {margin-top: -10px;}
.myNavBar {background-color: #fff; width: 100vw; z-index: 999; padding: 25px;}
}
.search {height: 600px; padding: 0; overflow: hidden;}
.carousel-item {background-position: center -300px; background-size: cover; background-repeat: no-repeat;}
@media screen and (max-width: 720px ) {
.search {height: 380px;}
.carousel-item {background-size: 125%; background-position: top;}
}
@media screen and (max-width: 576px ) {
.search {height: 185px;}
.carousel-item {background-size: 140%; background-position: center -100px;}
}
@media screen and (max-width: 540px ) {
.carousel-item {background-size: 140%; background-position: center -100px;}
}
.display {width: 100%; padding: 10px; flex-wrap: wrap; justify-content: space-between; box-sizing:
border-box; background-color: blue;}
.display-title {margin-top: 30px; text-align: center; font-size: 25px; font-weight: bold; margin-bottom: 10px;}
@media screen and (max-width: 576px) {
.display-title {font-size: 20px;}
}
.item {display: flex; justify-content: center; flex-wrap: wrap; background-color: skyblue; padding: 0;}
.item:nth-of-type(1) {background-color: pink;}
.item>p {flex: 100%; text-align: center;}
.item>h2 {font-size: 16px;}
.item>p {font-size: 14px; margin-top: 10px;}
li {list-style: none;}
.hot {padding: 10px;}
.top {width: 100%; display: flex; justify-content: flex-end;}
.top li {width: 58px; height: 40px; background-color: #e8effa; margin-left: 15px; border-radius: 5px;
text-align: center; line-height: 40px; background-position: center; background-repeat: no-repeat;}
.topli:nth-of-type(1) {background-image: url("../images/dog_icon.png");}
.topli:nth-of-type(2) {background-image: url("../images/cat_icon.png");}
.topli.active {background-color: #475669; color: #fff;}
.topli:nth-of-type(1).active {background-image: url("../images/dog_icon_active.png");}
.topli:nth-of-type(2).active {background-image: url("../images/cat_icon_active.png");}
.hot a {display: block; width: 100%; height: 100%;}
```

```
.bottom {flex-wrap: wrap; display: none; padding: 0;}
.bottom.active {display: flex; justify-content: flex-start;}
.bottom li {flex: 25%; display: flex; align-items: center; justify-content: flex-start; margin-bottom: 15px;}
.bottom li img {width: 80%; height: 100%; object-fit: cover;}
@media screen and (max-width: 768px) {
.bottom li {flex: 50%;}
}
.footer {text-align: center;line-height: 100px; background-color: #1d2124; color: #fff;}
.banners {width: 100%; padding: 0; height: 20%; background-image: url("../images/animal2.png");
background-repeat: no-repeat; background-size: cover; background-position: top center;}
```

【 思政一刻 】

新修订的《动物防疫法》自 2021 年 5 月 1 日起实施，要求携带犬只出户时，应当按照规定为犬只佩戴犬牌并采取犬绳等措施，防止犬只伤人、疫病传播。保护自然环境，做到人与动物和谐相处。保护动物，人人有责。珍爱生命，从你我做起。